机械制图习题集

(第4版)

顾文逵 周霭明 缪临平 编著

同济大学出版社

内容提要

本习题集是为适应高等院校教学改革，培养应用型和创新型人才需求而编写的。主要内容有：制图基本知识，点线面的投影，立体的投影，轴测图，组合体的视图与尺寸，机件常用的表达方法，标准件和一般零件，零件图和装配图等九部分，适合高等院校机械类、非机械类各专业使用。

本习题集与同济大学出版社出版的《机械制图》(第4版)配套使用，也可以单独作为机械类、非机械类各专业的机械制图习题集与其他教材配合使用。

图书在版编目(CIP)数据

机械制图习题集/顾文逵，周霭明，缪临平编著.--4版.--上海：同济大学出版社，2012.1 (2021.6 重印)

ISBN 978-7-5608-4717-7

Ⅰ.①机… Ⅱ.①顾…②周…③缪… Ⅲ.①机械制图—高等学校—习题集 Ⅳ.①TH126-44

中国版本图书馆 CIP 数据核字(2011)第 227871 号

机械制图习题集(第4版)

顾文逵　周霭明　缪临平　编著

责任编辑　缪临平　责任校对　徐春莲　装帧设计　潘向蓁

出版发行　同济大学出版社

(上海四平路 1239 号　邮编 200092　电话 021-65985622)

经　销　全国各地新华书店

印　刷　常熟市大宏印刷有限公司

开　本　787 mm×1092 mm　横 1/16

印　张　7.75

印　数　10 501-11 600

字　数　193 000

版　次　2012 年 1 月第 4 版　2021 年 6 月第 6 次印刷

书　号　ISBN 978-7-5608-4717-7

定　价　29.00 元

第4版前言

本习题集是在2006年10月第3版的基础上，按照教育部印发的适用于机械类、非机械类专业使用的“画法几何及机械制图”课程教学基本要求的精神，并采用了国家质量技术监督局发布的最新的中华人民共和国国家标准——GB/T和至今仍等效使用的GB标准而编写的。本习题集按少而精原则编写，力求结合教学实际，在选题过程中，突出了以读画相结合的精神，选编了大量读图的练习而只要求做少量、必要的作业，并在题目类型中增加了不少有新意的题型，突破了过去制图习题集的陈规，因而在使用时可以收到作图时间少而收效大的效果。本习题集适合高等院校理工科机械类及非机械类各专业使用，所以针对性强、专业的覆盖面广。但是，随着教学改革的发展，各院校可根据专业的不同，教学时数的多少，而选择相应的内容进行练习。

本习题集由上海理工大学顾文逵和同济大学周霭明、缪临平共同编写。其中，缪临平编写制图基本知识、点线面的投影、立体的投影；周霭明编写轴测图、组合体的视图与尺寸、机体常用的表达方法；顾文逵编写标准件、零件图和装配图。

由于我们的水平有限，错误和不妥之处在所难免，我们竭诚欢迎使用本习题集的广大读者能及时地给予批评指正。

编　者

2011年11月

目 录

班级 ________ 姓名 ________

校 核 混 润 冲 珠 础 砂 地 焊 技 纸 称 引 外 斜 数 影 剖 划 断

制 图 基 本 知 识 看 懂 零 件 的 三 视 图 根 据 视 图 想 出 零 件 的 形 状 并 标 注 尺 寸

1234567890ΦR ABCDEFGHIJKLMNOPQRSTUVWXYZ

班级 ________ 姓名 ________

1-2 字体

部 桁 测 例 椰 砌 班 铆 树 出 瓷 炎 多 音 皆 台 泵 架 变 备 类

结 构 分 析 箱 体 盖 板 轴 承 瓦 挡 圈 套 筒 尾 架 体 定 位 套 密 封 盖 单 向 阀 活 塞 球

0 1 2 3 4 5 6 7 8 9 Φ 0 1 2 3 4 5 6 7 8 9 Φ 0 1 2 3 4 5 6 7 8 9 Φ

班级 ________ 姓名 ________

装 委 思 空 竖 弯 录 荷 花 筑 笔 岸 岩 全 堂 前 室 窗 呈 罗 昆

滑 块 泵 壳 压 板 拉 紧 螺 堵 操 纵 斜 盘 说 明 牌 配 油 其 余 后 视 光 六 角 头 螺 栓 型

1234567890 1234567890 Φ I II III IV V VI VII VIII IX X

1-4 字体

材 料 比 非 放 钻 钉 衬 规 对 路 矽 静 助 结 期 轴 隧 钢 件 仿

槽 形 母 半 圆 沉 头 锥 端 紧 定 钉 调 整 弹 簧 止 退 垫 圈 开 口 销 普 通 平 键 半 圆 与

0 1 2 3 4 5 6 7 8 9 R abcdefghijklmnopqrstuvwxyz α β γ δ π

1-5　线型

班级 ________ 姓名 ________

过各端点画水平和铅垂的粗实线、虚线、点画线以及细实线各三遍，并作四个不同线型的 $\phi20$ 的圆；再用细实线画全右下方框线内的斜线。

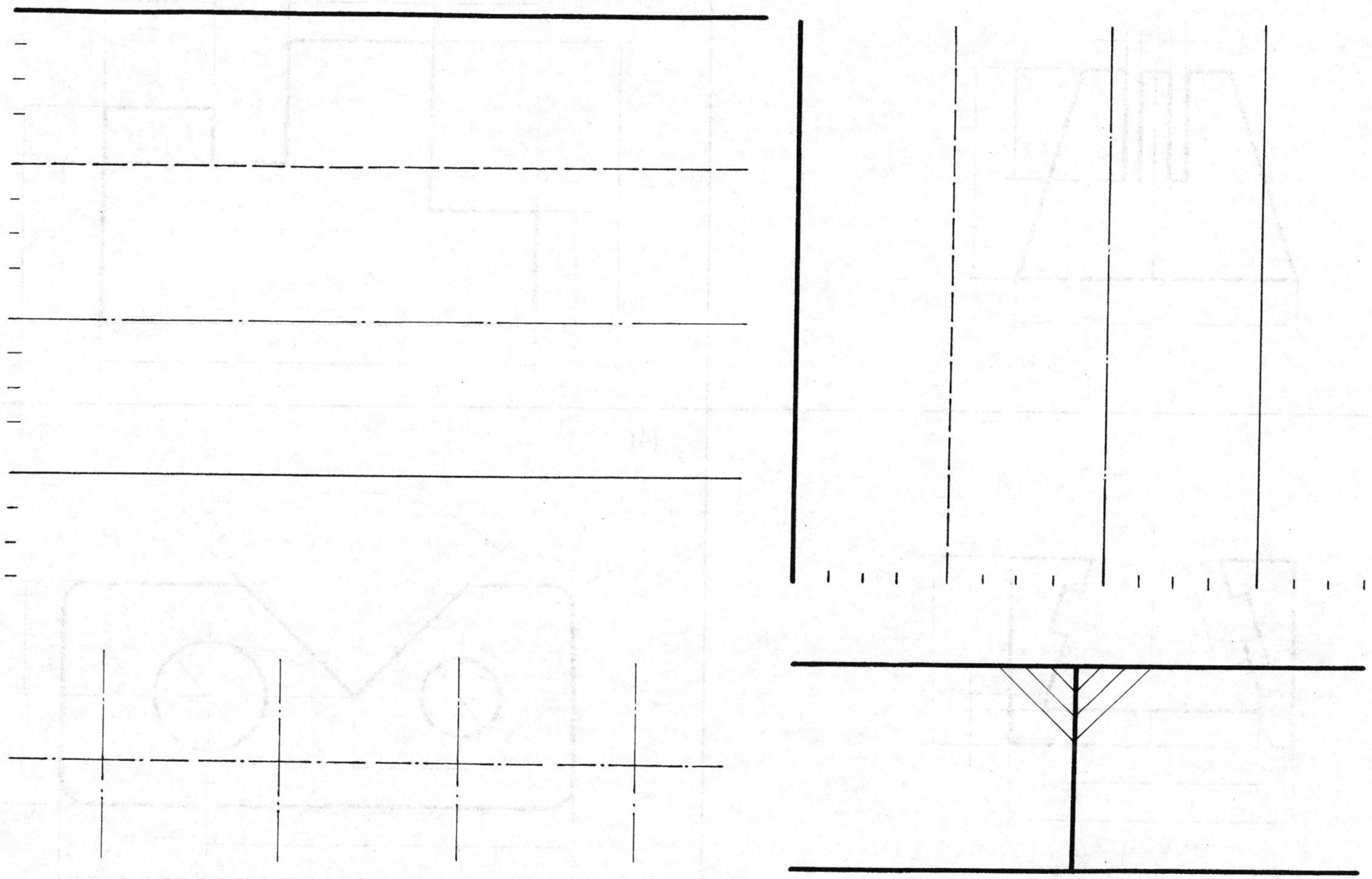

班级 ________ 姓名 ________

1-6 尺寸标注

在下列各图中，补画箭头并填入尺寸数字(尺寸数字用 3.5 号字体，其数值由图形中量取，取整数)。

(1)

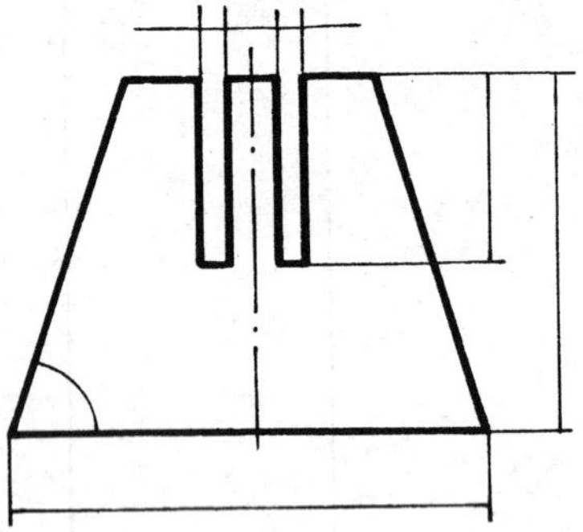

(2)

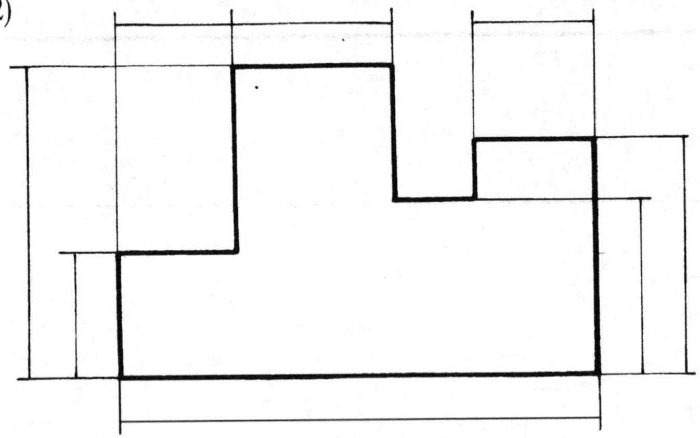

(3)

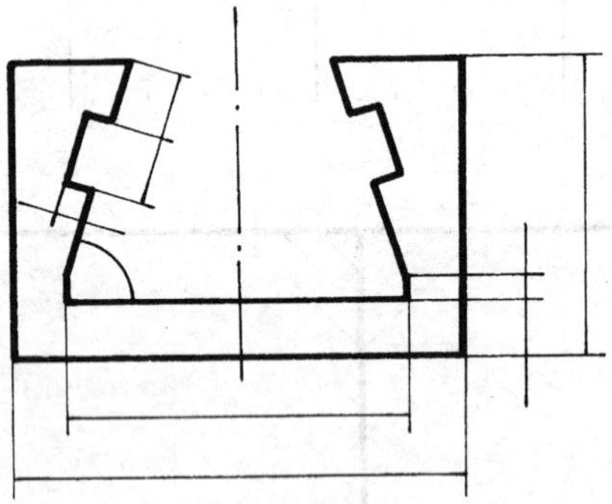

(4)

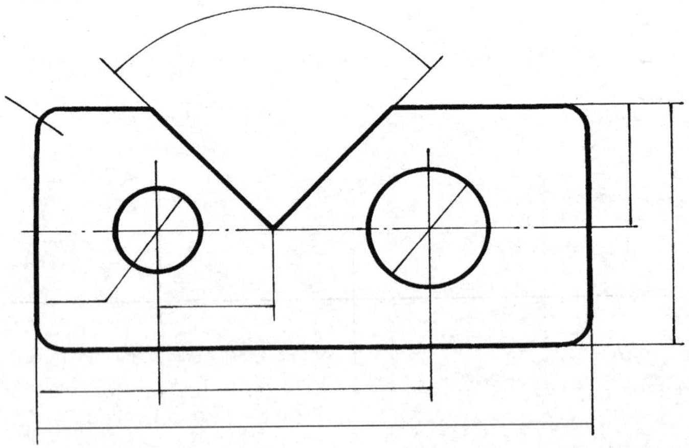

1-7 尺寸标注

(1) 在下列图形的尺寸标注中，对正确的图形在其上方加"√"号。

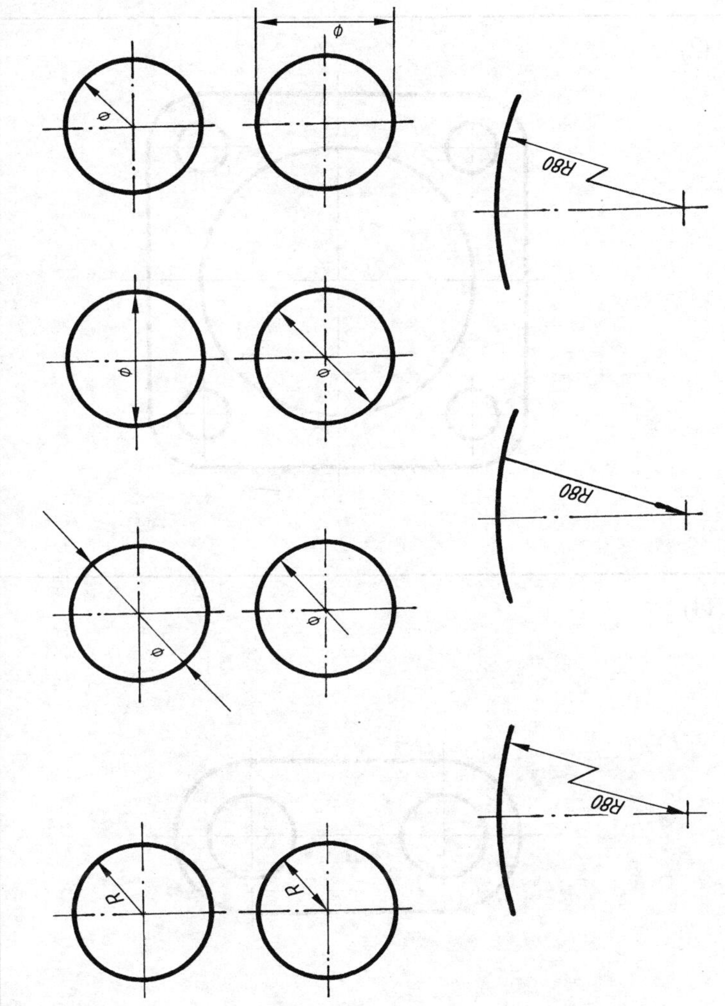

(2) 圈出下列图形中尺寸标注的错误，并在右方图形中，正确标注尺寸。

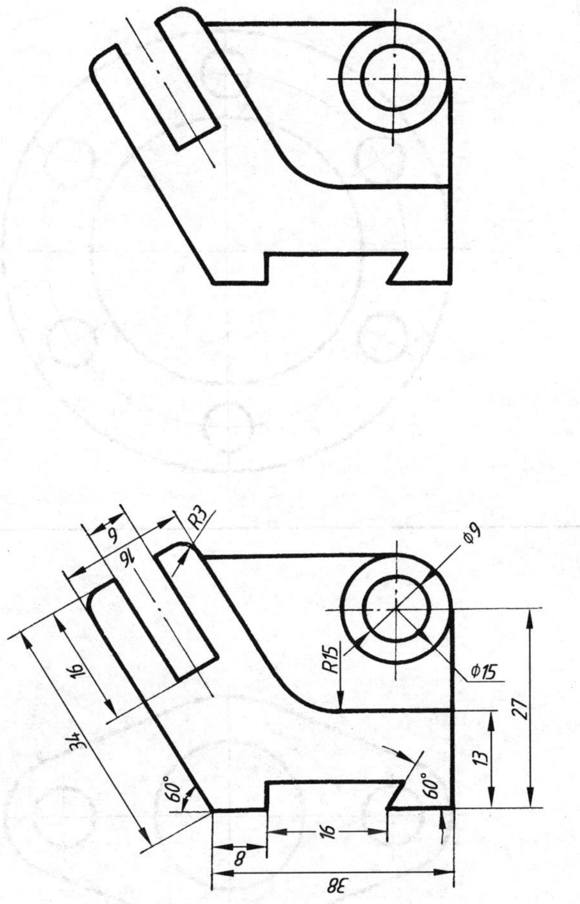

班级________ 姓名________

在下列各图中标注尺寸(尺寸数值由图中量取,取整数)。

(1)

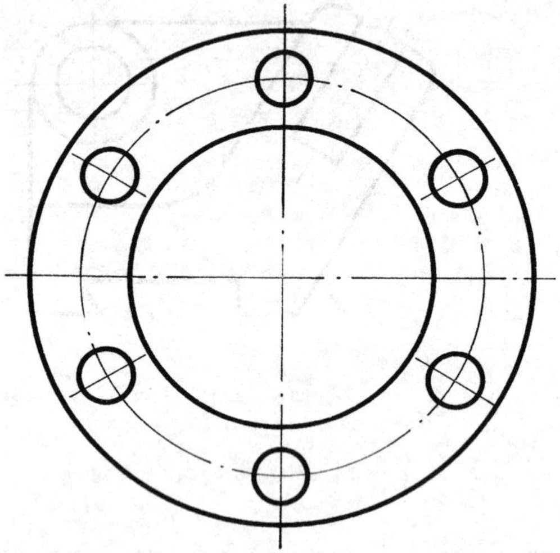

(2)

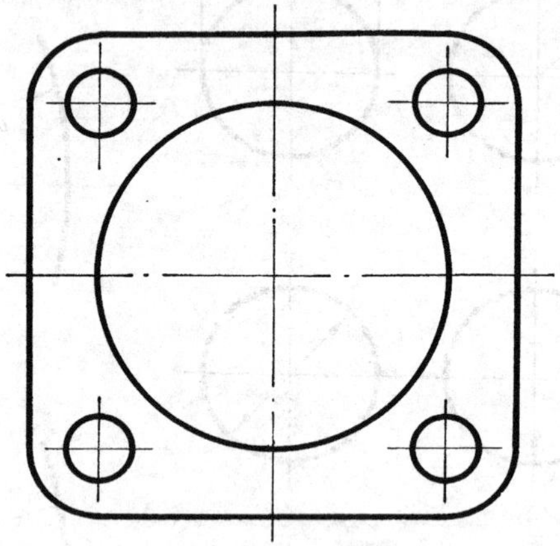

(3)

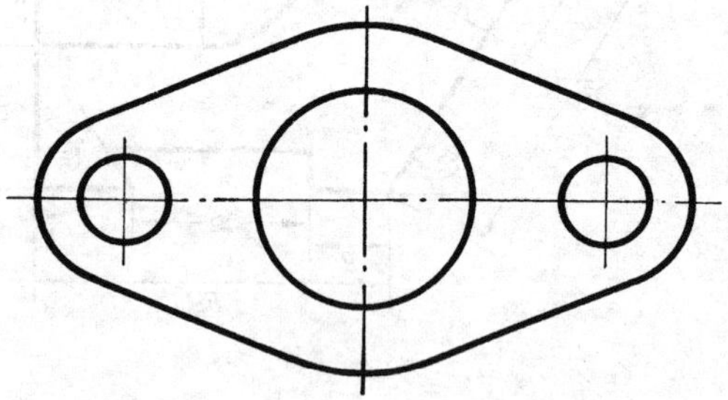

(4)

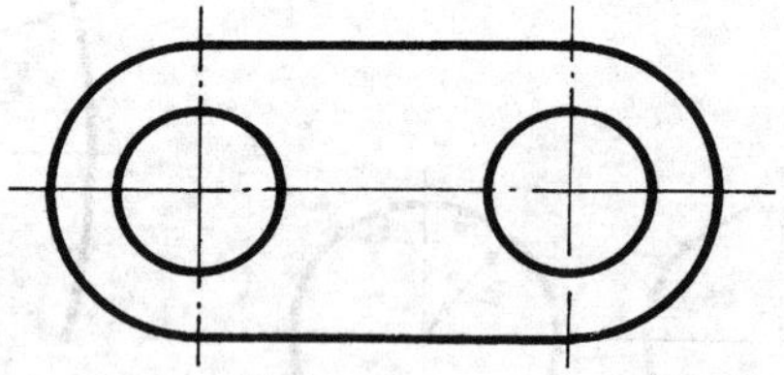

1-9　几何作图

班级 ________ 姓名 ________

用 1:1 的比例完成下列斜度、锥度、四心近似椭圆及渐开线的作图。

(1)

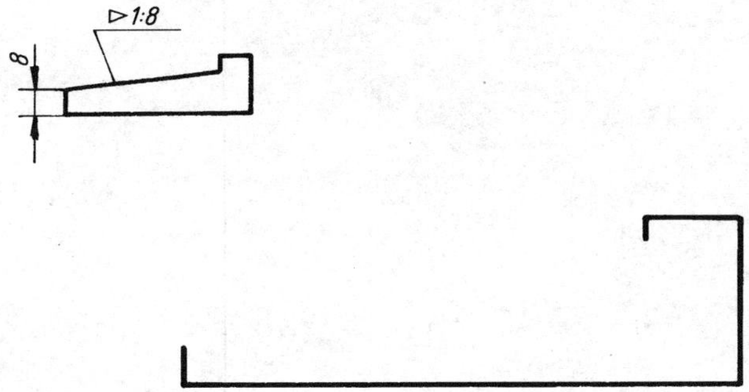

(2)

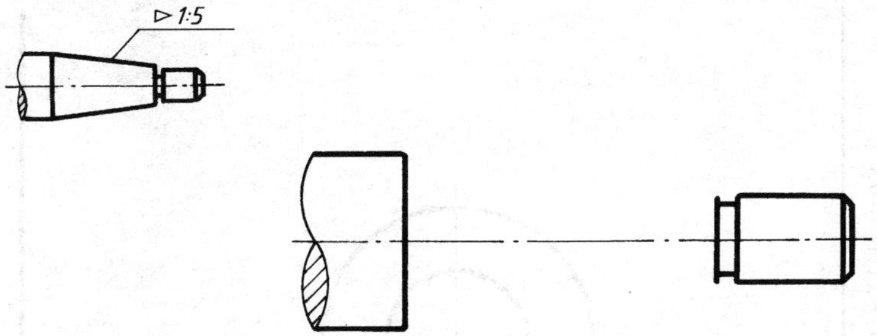

(3)

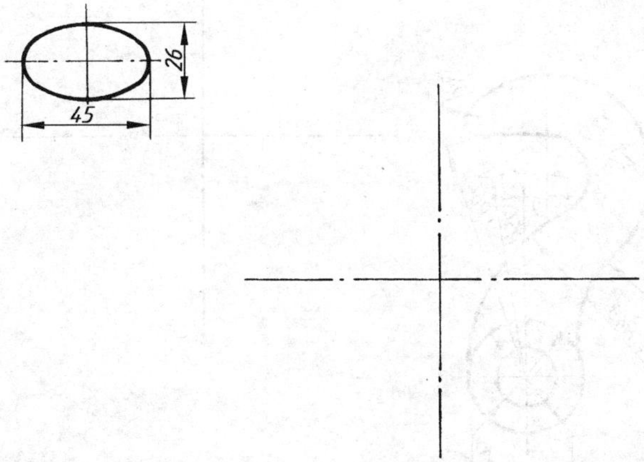

(4)

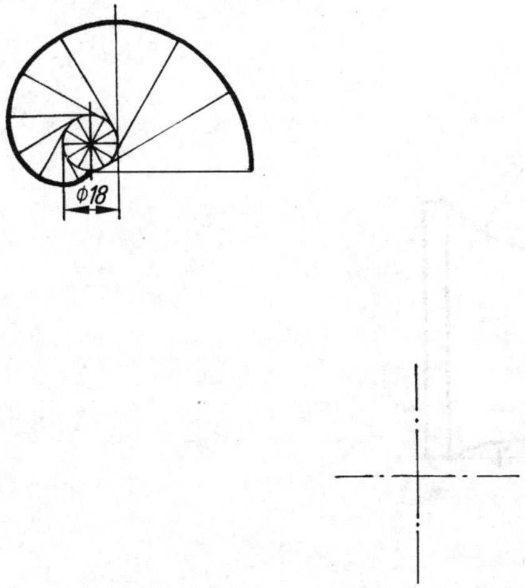

班级 ________ 姓名 ________

按左上角图形所给尺寸，用1:1的比例抄绘下列两图形并标注尺寸。

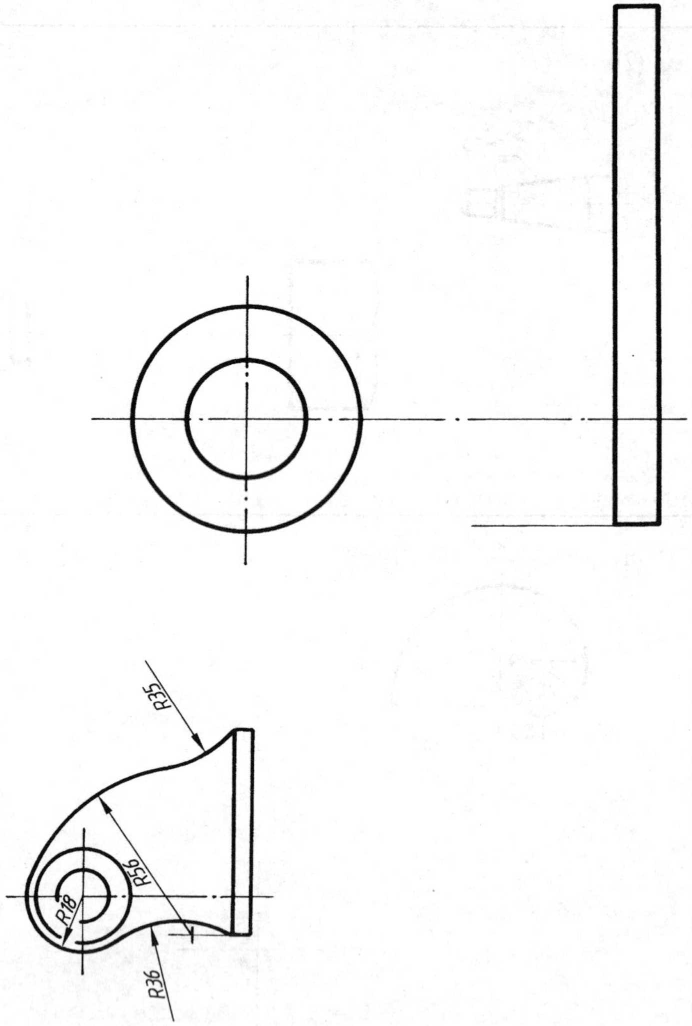

(1)

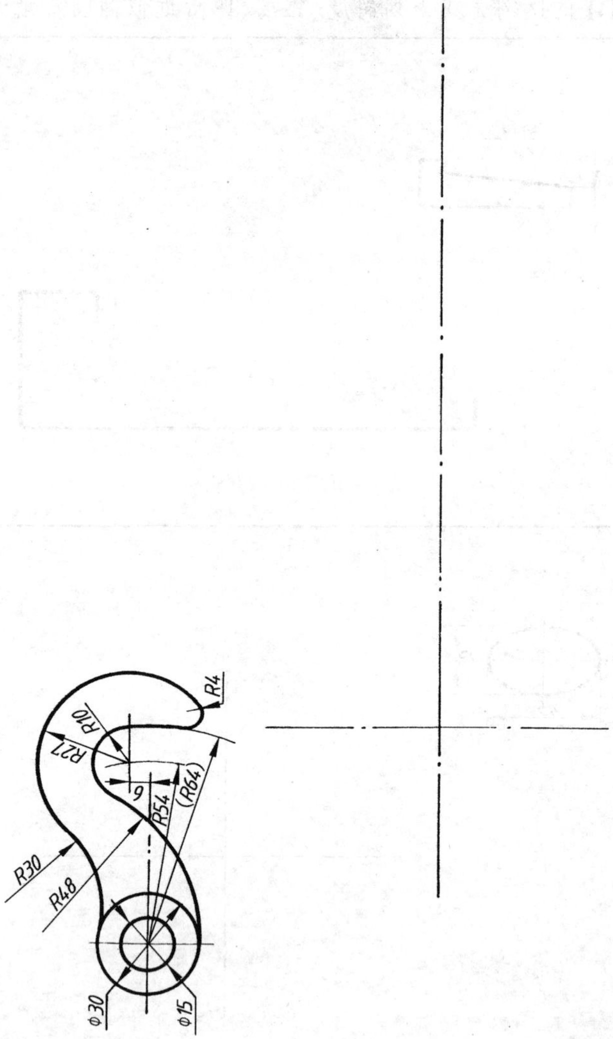

(2)

1-11 几何作图

参照扳手示例,对垫圈上的 *R* 30、底边以及杠杆上的 *R*17 和 *R*60 各线段作几何分析。并在图形下方画出分析图,如扳手图所示。

扳 手

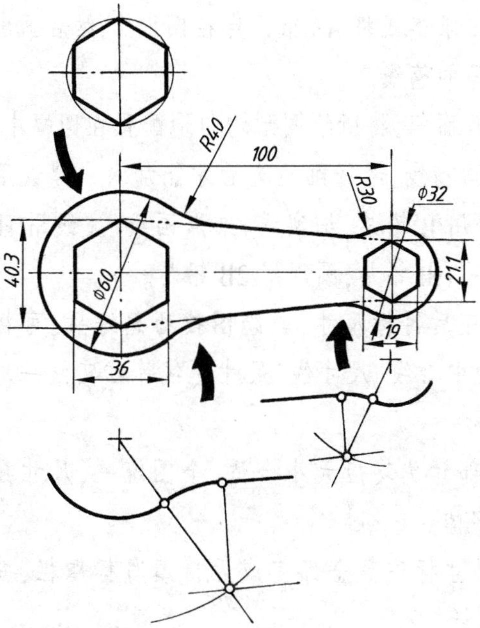

垫 圈

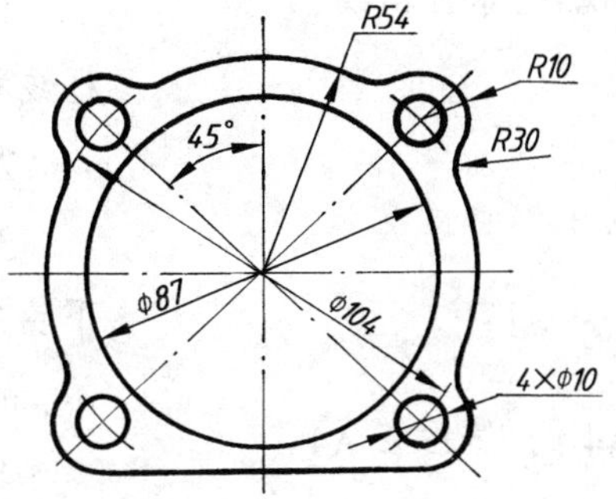

杠 杆

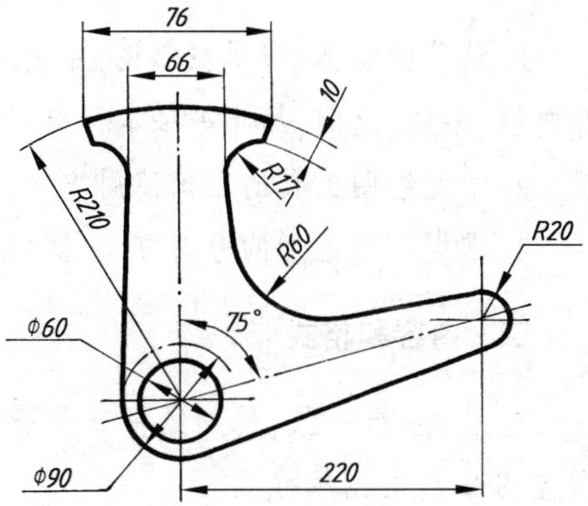

1-12 第一次作业指示书

第一次作业　　线型和平面图形的画法

一、目的要求

1. 熟悉国家标准《机械制图》中的一些基本规定，掌握图线、标题栏、字体、比例、尺寸等基本标准。

2. 学习绘图工具的正确使用方法。

3. 掌握平面图形的分析方法、圆弧连接的画法。

二、内容和格式

选用A3纸一张，用细线将它分隔成两张A4纸，然后在A4图幅内分别画图框线及标题栏，如右图所示。在左边的A4纸内画线型，图名填“图线练习”，图号为01，比例1:1。

在右边的A4纸内画平面图形，图名填“平面图形”，图号为02，比例1:1。

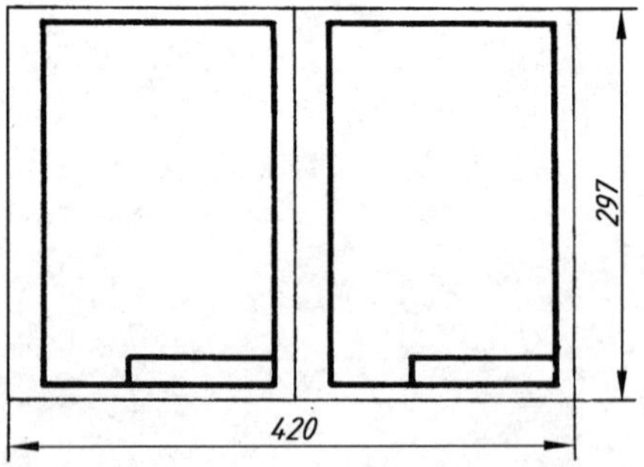

本作业有两组分题，只需选画其中的一组即可。

三、绘图步骤与注意事项

1. 按作业要求格式将A3纸固定在图板上，然后画出图框线和标题栏等的稿线。

2. 估算图幅面积，将所绘图形均匀地配置在图幅中。

3. 必须轻画稿线，经仔细检查后才能加深。建议用如下铅芯：粗实线用B铅芯，细实线、细点画线、虚线用H铅芯，箭头、字体用HB铅芯，圆规用2B铅芯。

4. 图形画完后再标尺寸，当绘图技巧熟练后，可将图形对称线，图的中心线、尺寸线、尺寸界线等细实线一次画成，不再加深。

5. 图上全部箭头均应大小合适、全图统一，尺寸数字统一用3.5号字体。

6. 图形、尺寸标注等全部完成后再填写标题栏，并检查、整理全张图纸。

7. 本作业为仪器图的基本训练，必须正确使用丁字尺、三角板及仪器等绘图工具。

1-13 线型及平面图形的画法

班级 ________ 姓名 ________

用 1:1 的比例在 A3 纸上作出下列图形,并在右边的平面图形中标注尺寸。

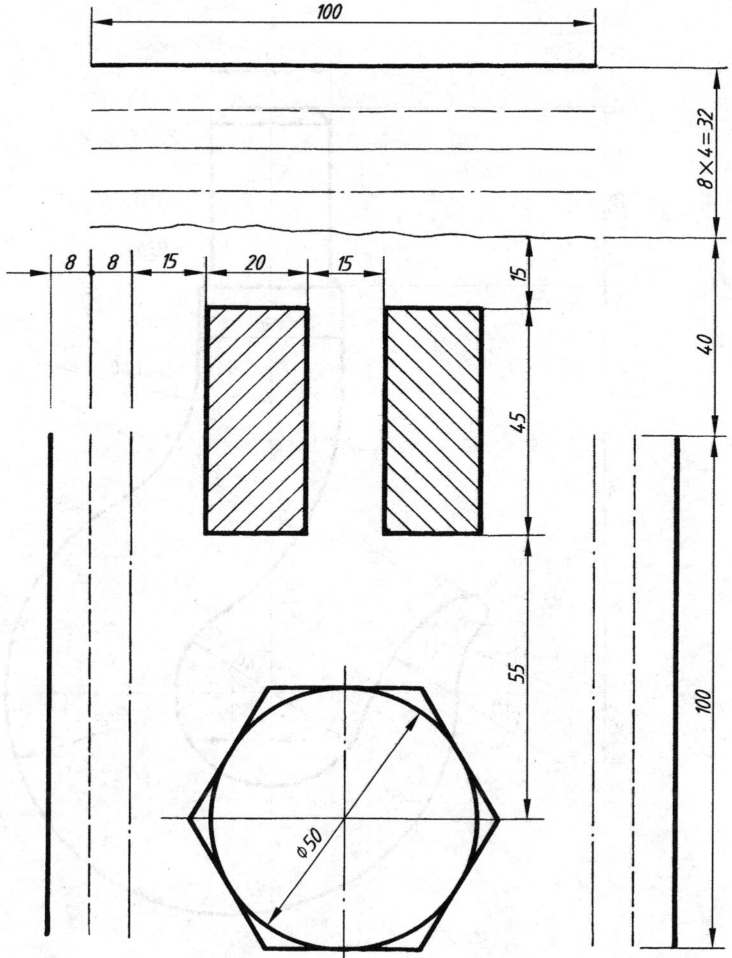

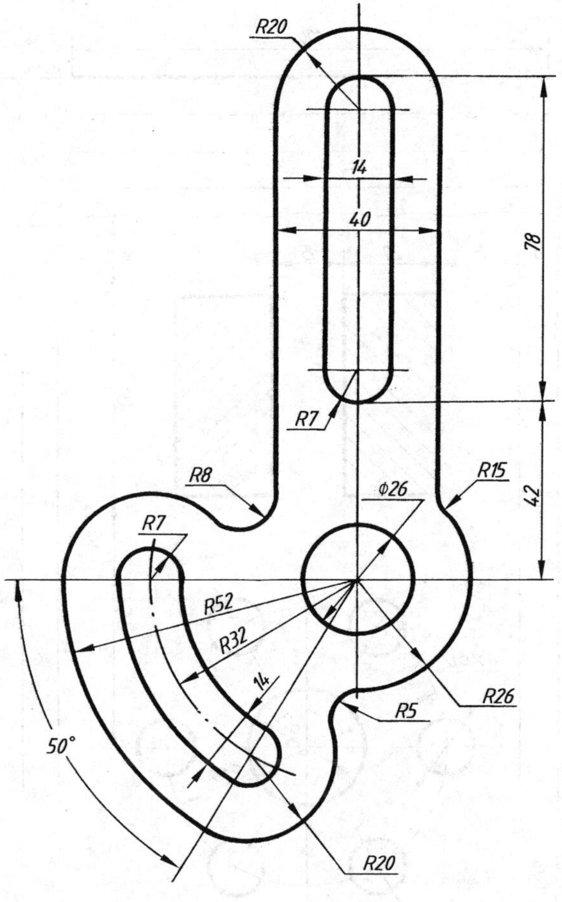

1-14 线型及平面图形的画法

班级________ 姓名________

用 1:1 的比例在 A3 图纸上作出下列图形，并在右边的平面图形中标注尺寸。

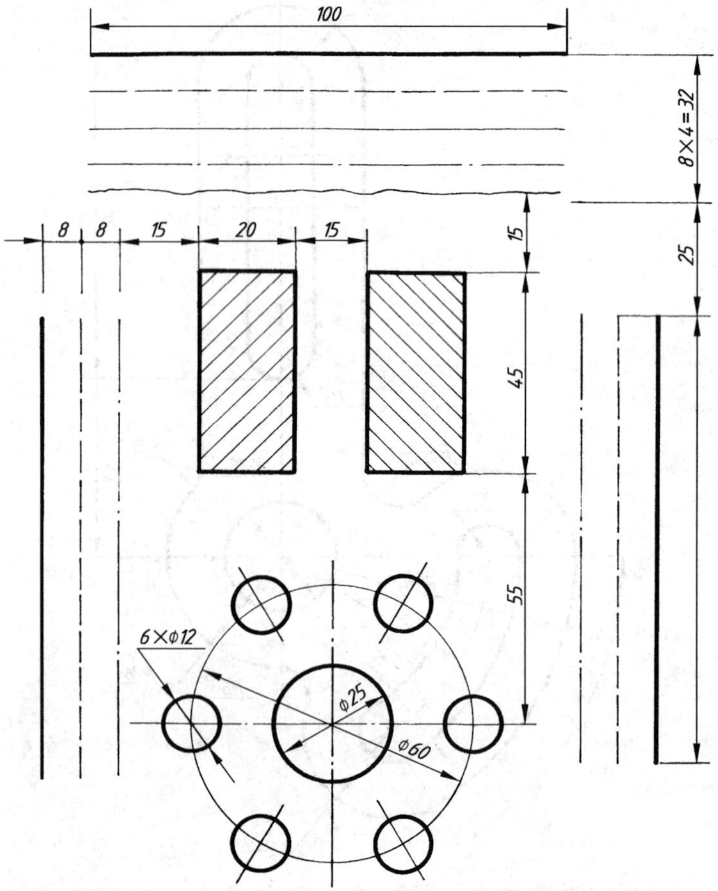

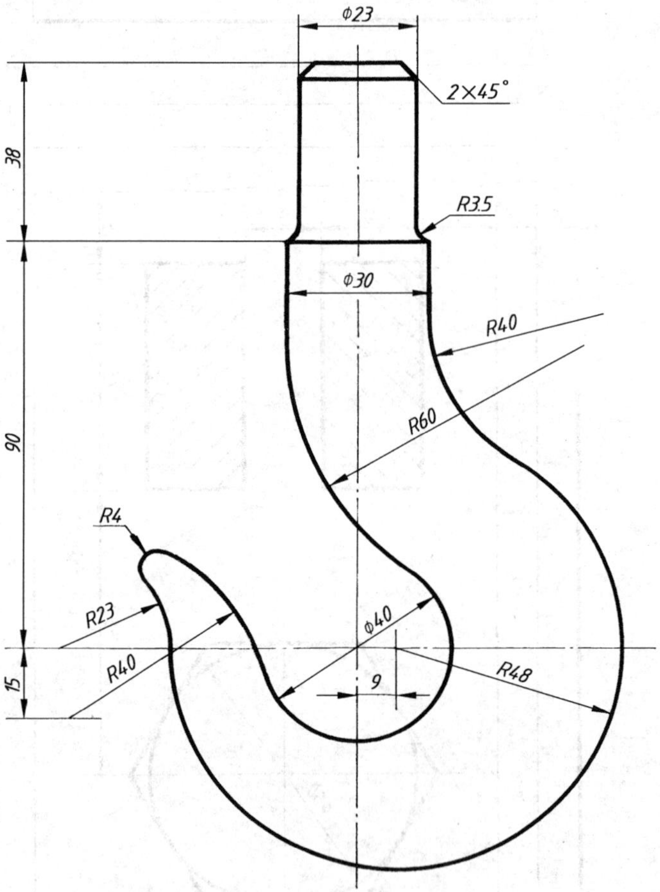

2-1 点的投影

(1) 根据 A, B, C 三点的轴测图作出它们的投影图(可以从轴测图上直接量取坐标),并于下方填写它们的坐标值。

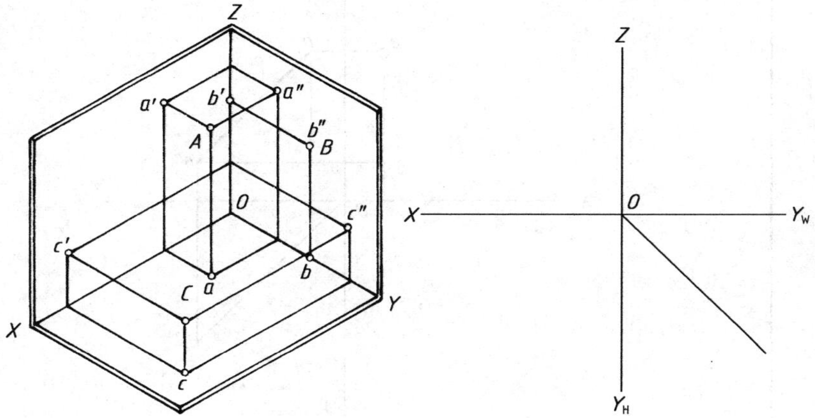

A(　　,　　,　　)　B(　　,　　,　　)　C(　　,　　,　　)

(2) 已知 D, E, F 三点的两个投影,求作它们的第三投影。

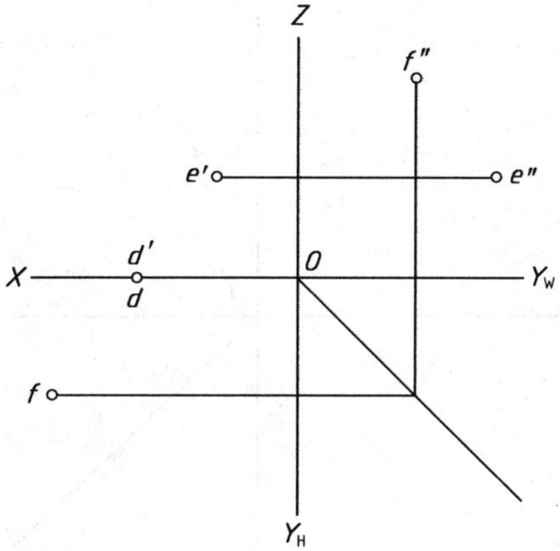

(3) 已知点 A(10, 12, 16), 点 B(15, 0, 20),作出它们的投影图。

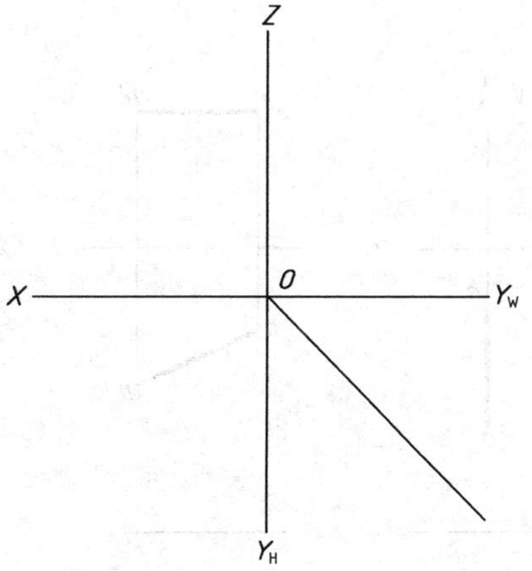

(4) 已知 A, B 两点的正面投影重合,且点 A 在点 B 前 10 mm, C, D 两点的水平投影重合,且点 C 在点 D 上方 15mm,求作 A, B, C, D 的三面投影。

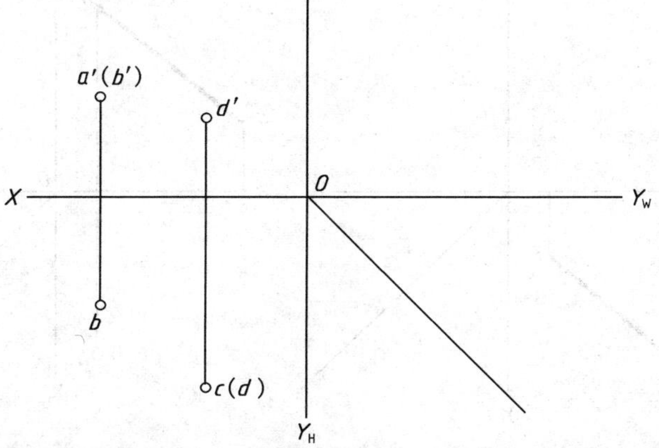

2-2 直线的投影

(1) 已知点 $A(25, 10, 5)$ 和点 $B(5, 20, 15)$，作出直线 AB 的三面投影。

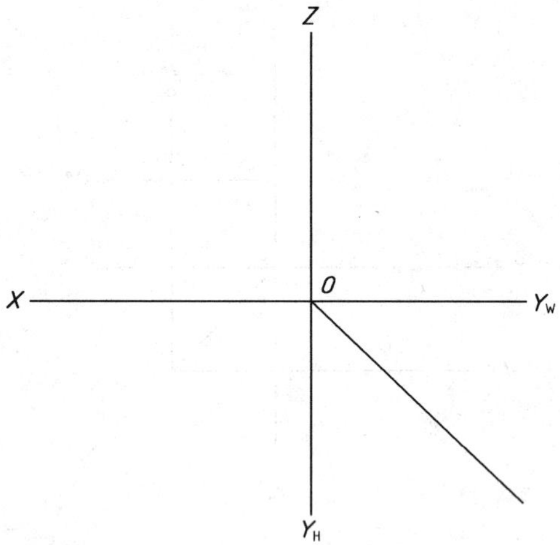

(2) 已知点 A 离 W 面 20 mm，作出直线 AB 的三面投影，并填写 A，B 两端点的坐标。

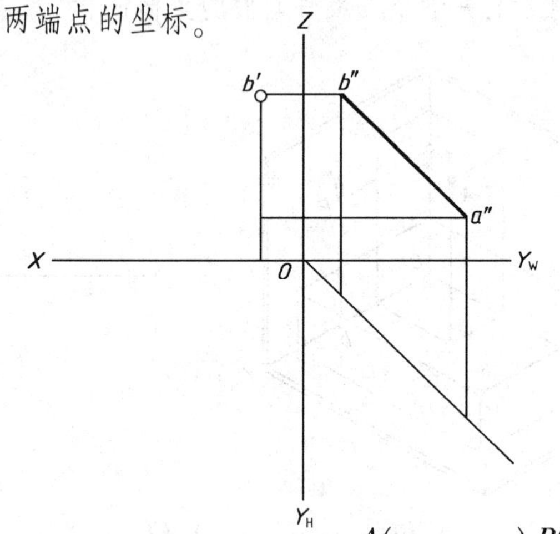

$A($, , $)$ $B($, , $)$

(3) 已知点 F 离 H 面 20 mm，点 G 离 V 面 10 mm，分别作出直线 EF 和 GH 的三面投影。

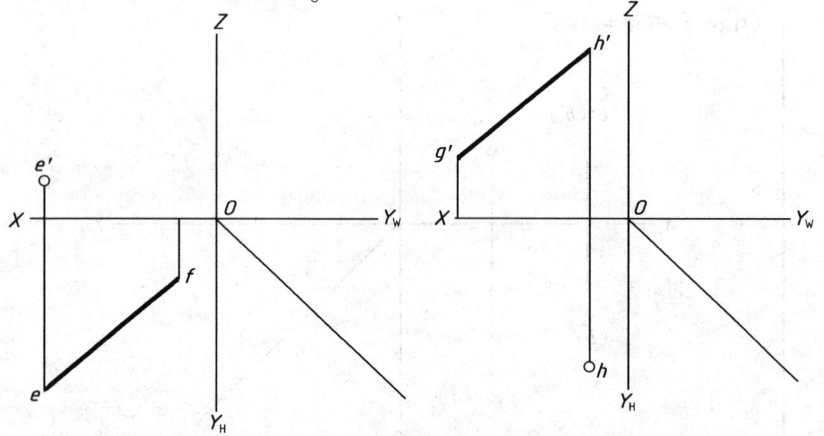

(4) 判别下列各直线在空间的位置，并将其名称分别填写在横线上。

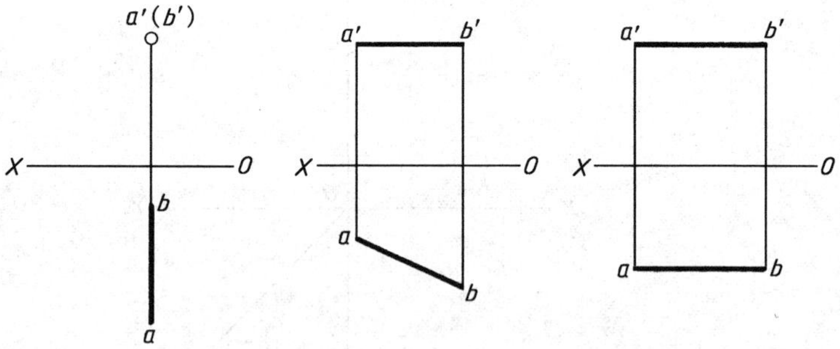

________ ________ ________

(1) 已知直线 AB 的实长为 20 mm，过已知点 A 作直线 AB，使其分别为正垂线和侧垂线。

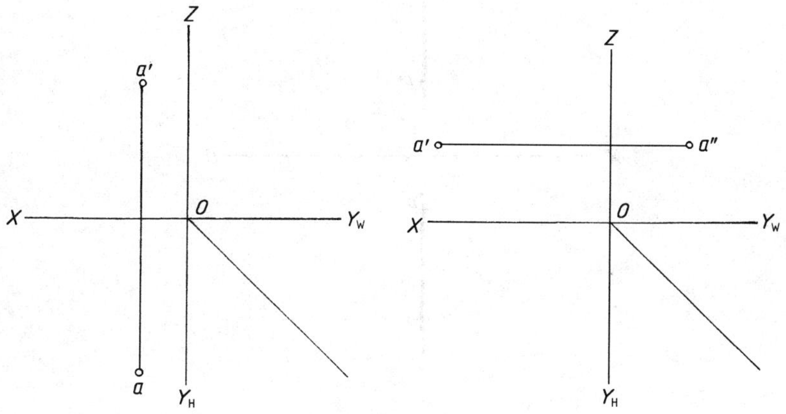

(2) 判别下列各图中两直线 AB 和 CD 的相对位置，并在图下横线上填明它们是相交、平行或交叉。

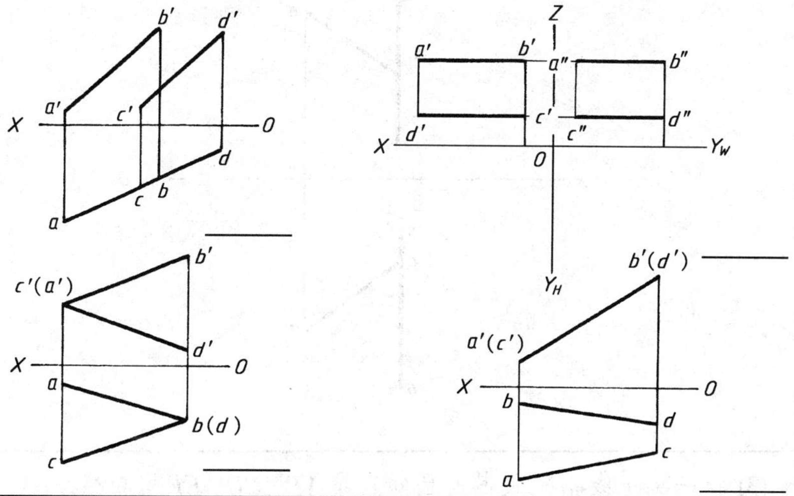

(3) 过点 $C(10, 20, 25)$ 作直线 CD，使 $AB/\!/CD$，完成 CD 的三面投影。

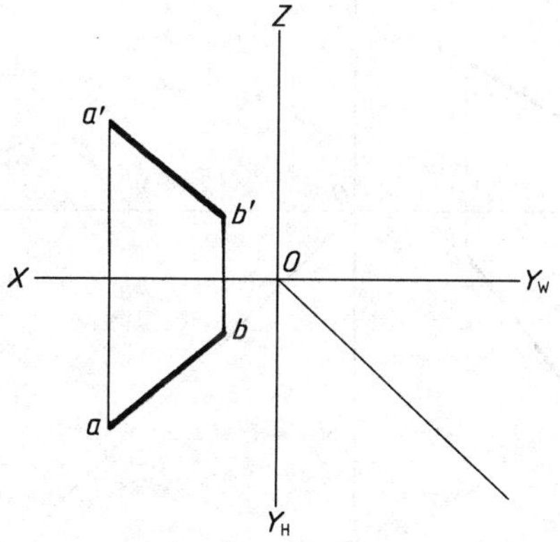

(4) 作出两交叉直线 AB 和 CD 在 V 面上的重影点的三面投影。

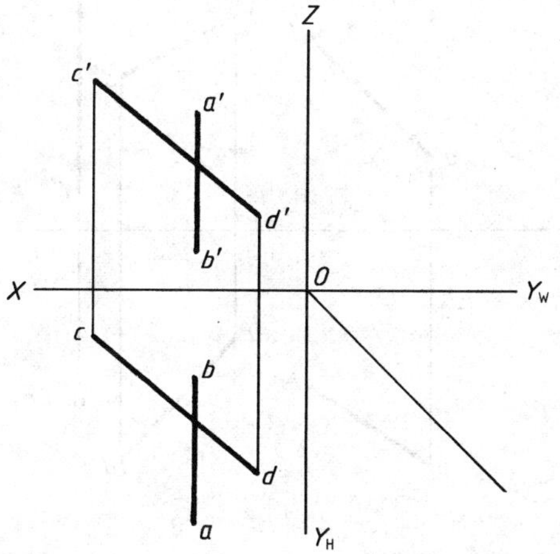

2-4　点与直线、两直线间的相对位置

班级 ________ 姓名 ________

(1) 作图检验 AB 和 CD 两直线是否相交。

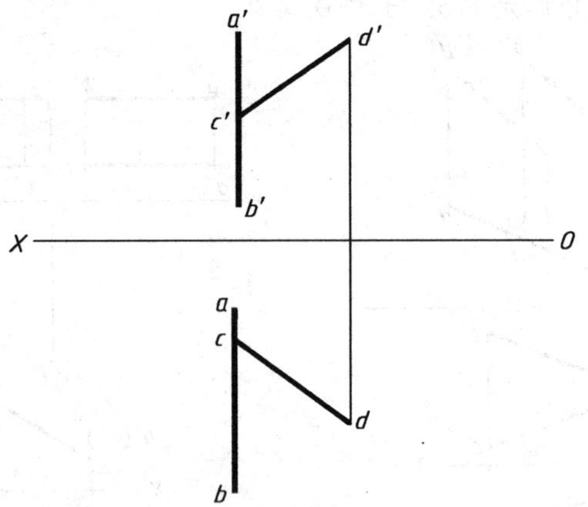

(2) 已知点 K 在直线 AB 上，求作点 K 的水平投影。

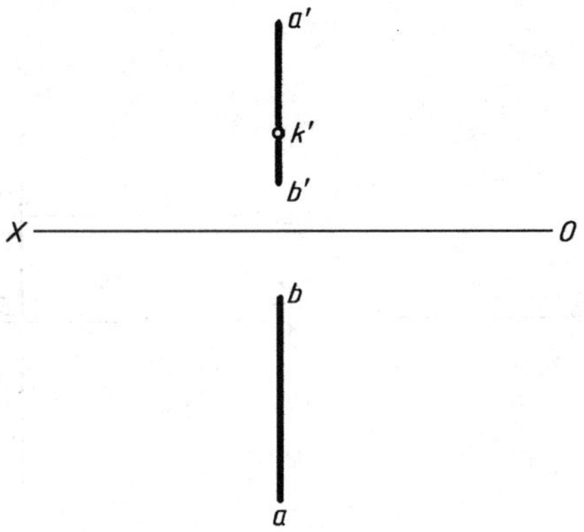

(3) 作一正平线 MN，使其与已知直线 AB，CD，EF 均相交。

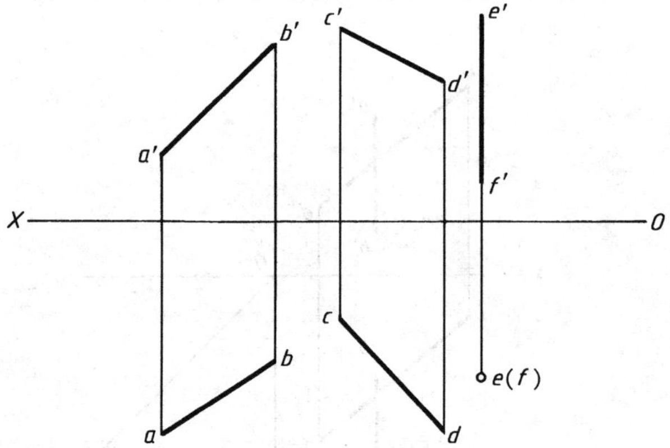

(4) 在直线 AB 上求作一点 C，使其与 V 面、H 面等距离。

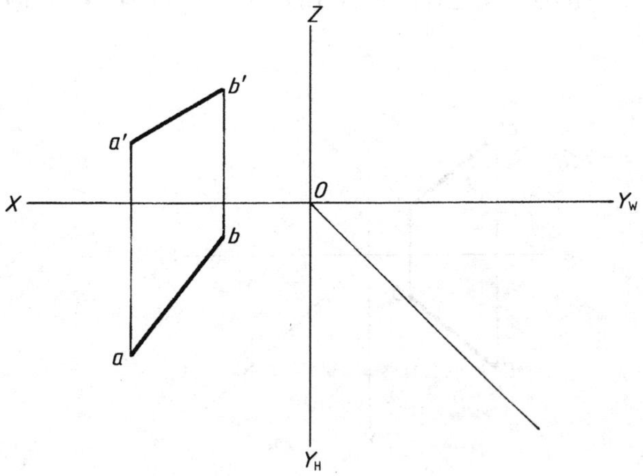

2-5　平面的投影

班级 ________ 姓名 ________

(1) 作出下列平面图形的第三投影，并在图下横线上填写它们的名称。

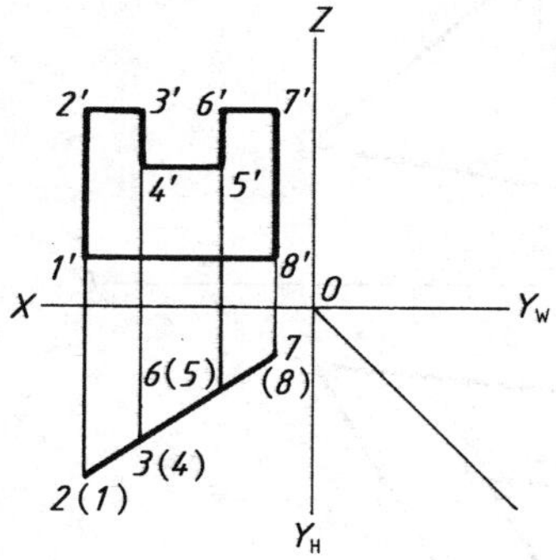

____

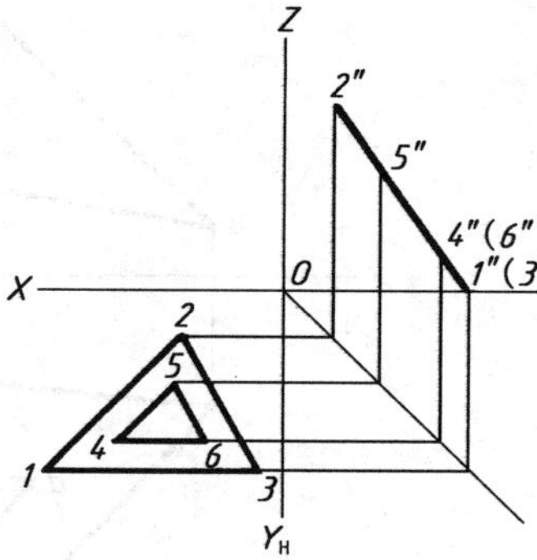

____

(2) 已知一平面由两相交直线 *AB* 和 *CD* 组成，完成其水平投影。

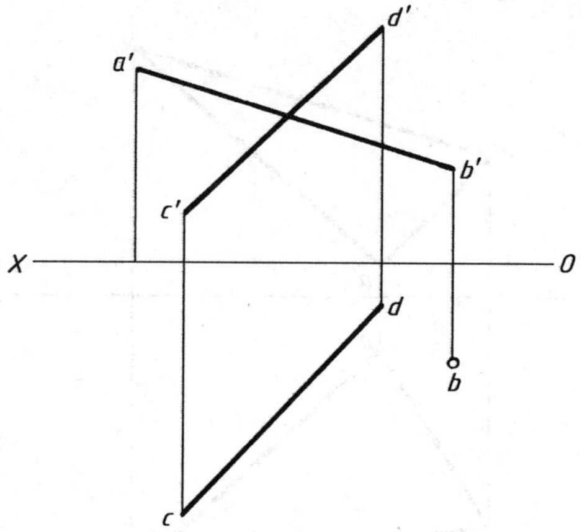

(3) 判别正三棱锥 *S–ABC* 上各棱面是什么位置的平面。

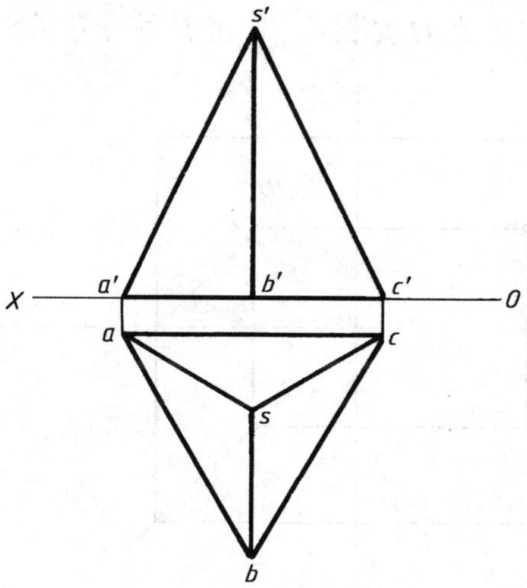

SAB 是 ________

SBC 是 ________

SCA 是 ________

(4) 完成平面图形 *ABCDEF* 的正面投影。

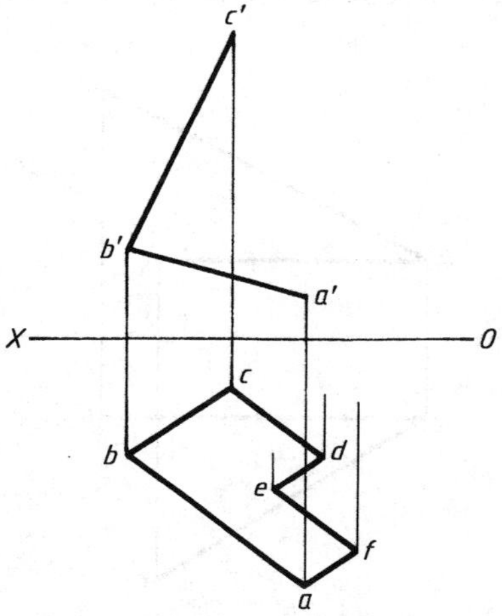

班级 ________ 姓名 ________

2-6 平面的投影

(1) 在△*ABC* 平面内分别作距 H 面为 10 mm 的水平线和距 V 面为 20 mm 的正平线。

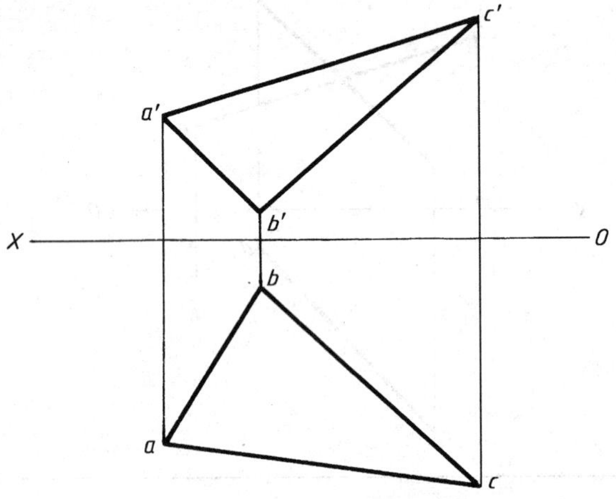

(2) 作出△*ABC* 平面内三角形孔 *DEF* 的正面投影。

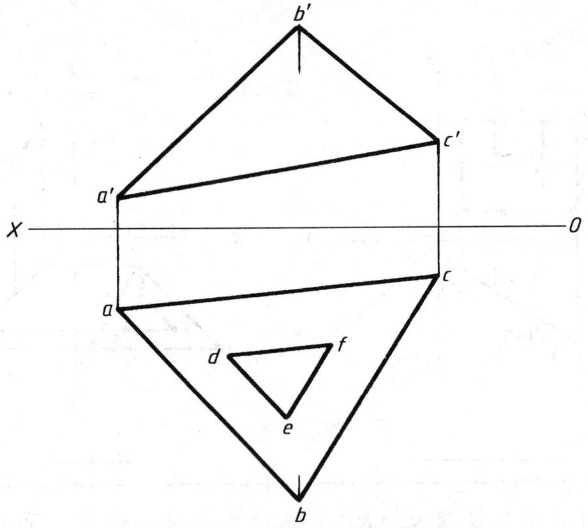

(3) 已知点 *K* 在两相交直线 *AB* 和 *BC* 所决定的平面内，求作其水平投影。

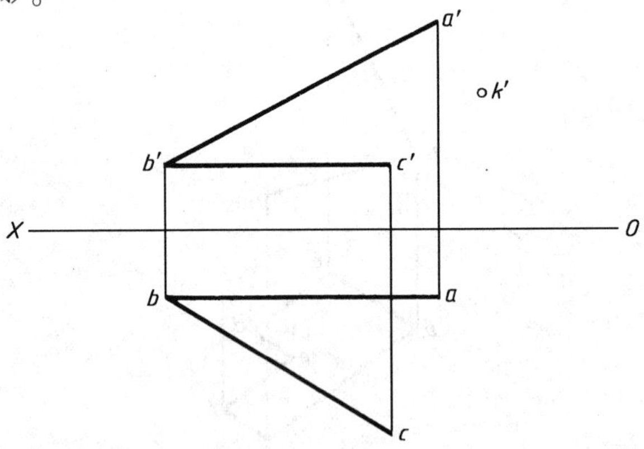

(4) 以侧垂面 *P* 内的点 *O* 为圆心，作出 *P* 面内直径为20 mm 的圆的三面投影。

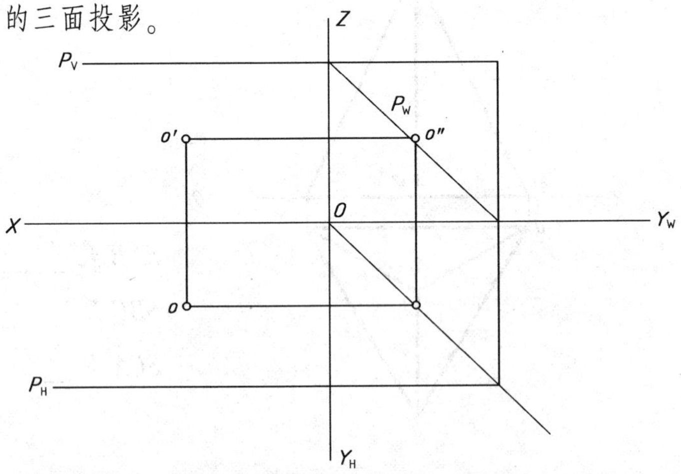

班级 ________ 姓名 ________

2-7　平行问题

(1) 过点 *A* 作直线 *AB*，使其同时平行于△*DEF* 和 H 面。

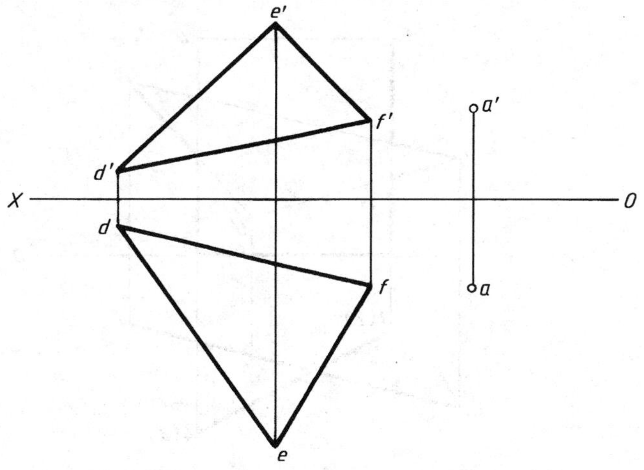

(2) 过点 *A* 作平面平行于△*DEF*。

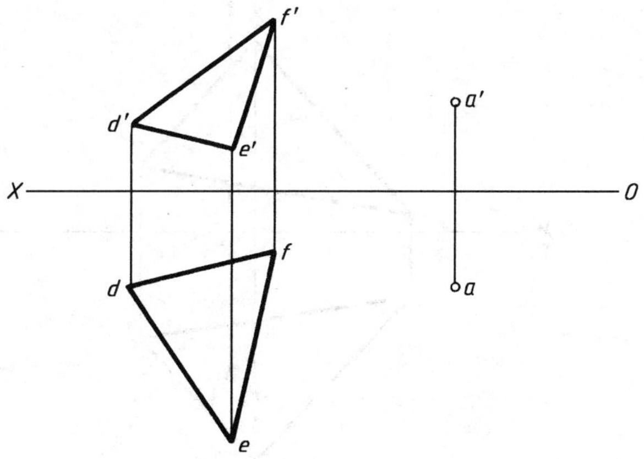

(3) 已知直线 *MN* 平行于四边形 *ABCD* 平面，求其水平投影。

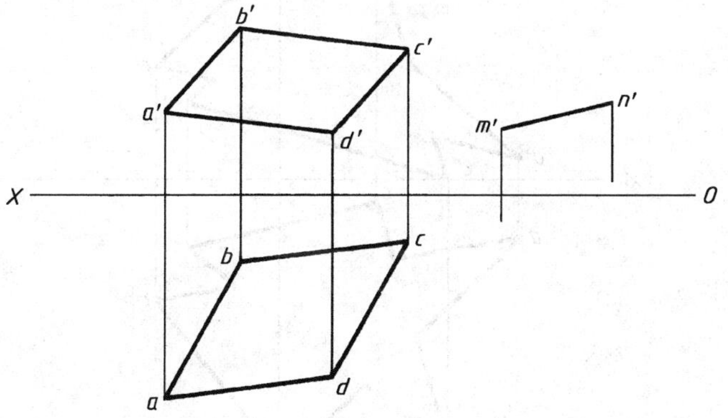

(4) 已知 *de*//*abc*，过直线 *DE* 作平行于△*ABC* 的平面。

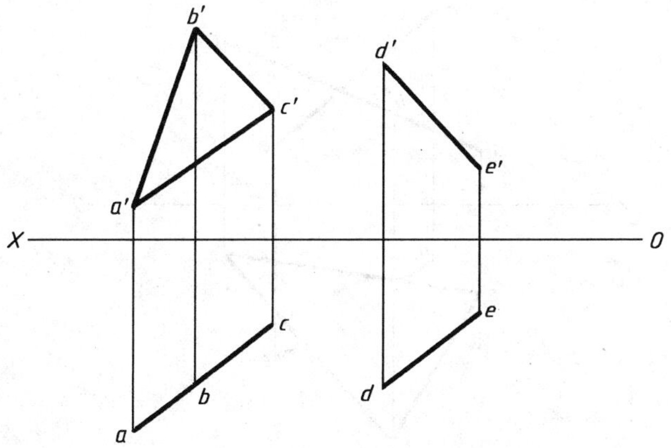

班级 ________ 姓名 ________

2-8 相交问题

(1) 求直线 *DE* 与 △*ABC* 的交点 *K*,并判别其可见性。

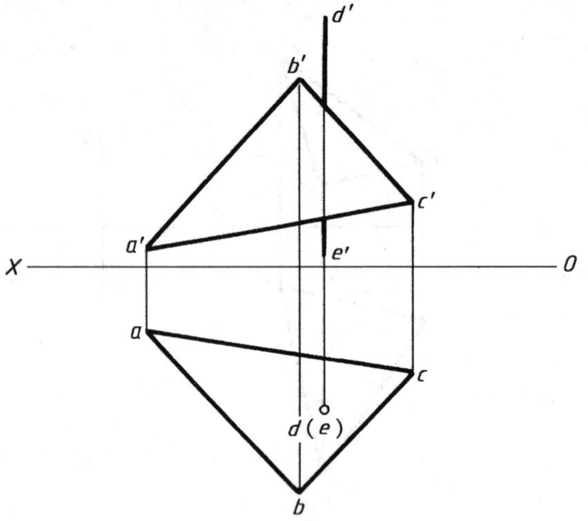

(2) 求两平面交线,并判别其可见性。

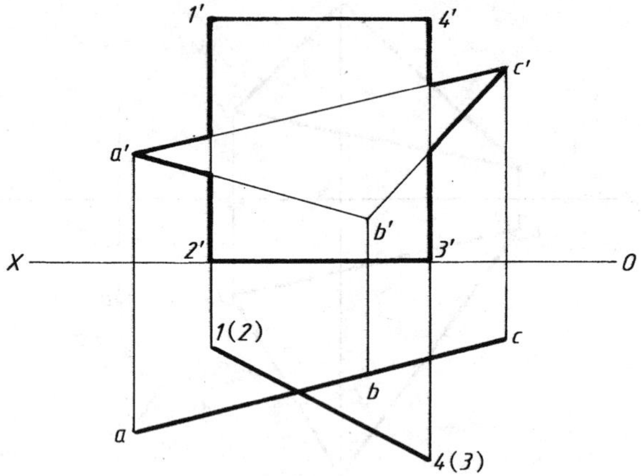

(3) 求直线 *DE* 与 △*ABC* 的交点 *K*,并判别其可见性。

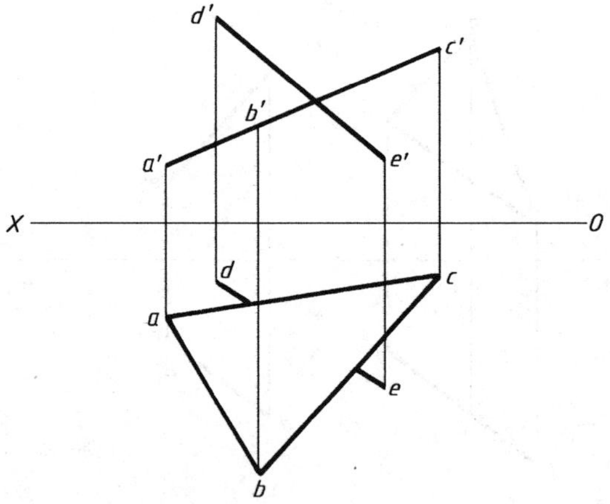

(4) 求两平面交线,并判别其可见性。

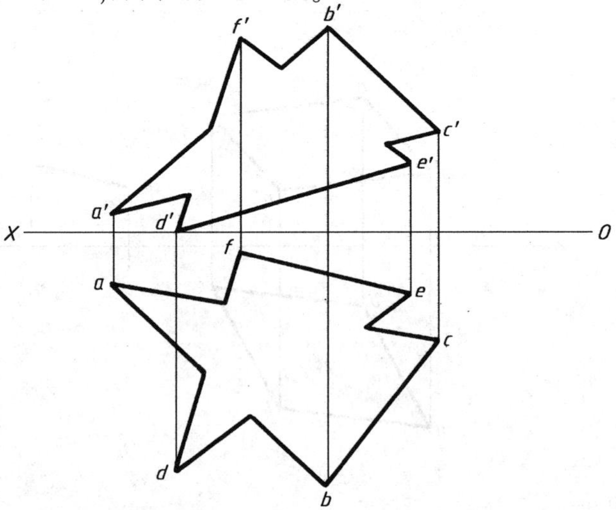

班级 ________ 姓名 ________

2-9 垂直问题

(1) 求点 *A* 到两相交直线所定平面的距离。

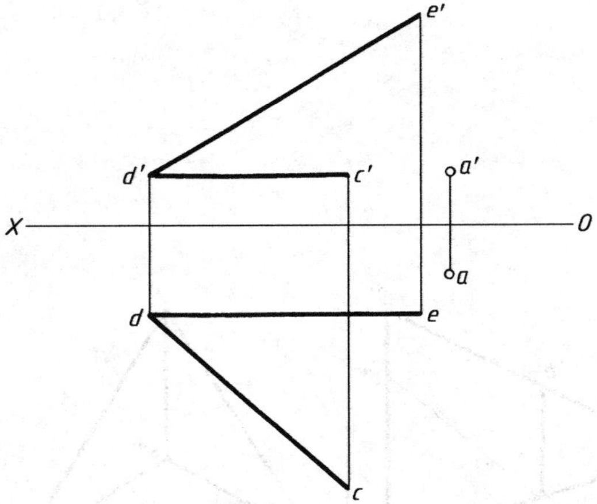

(2) 已知 $d'f' /\!/ OX$,过点 *A* 作一平面垂直于△*DEF*。

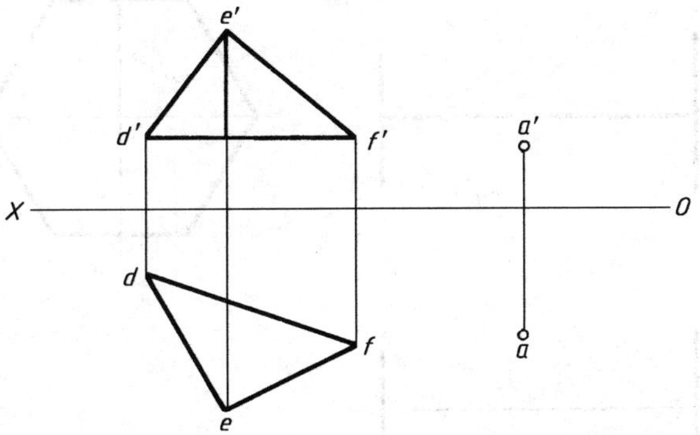

(3) 求两正平线 *AB* 和 *CD* 之间的距离。

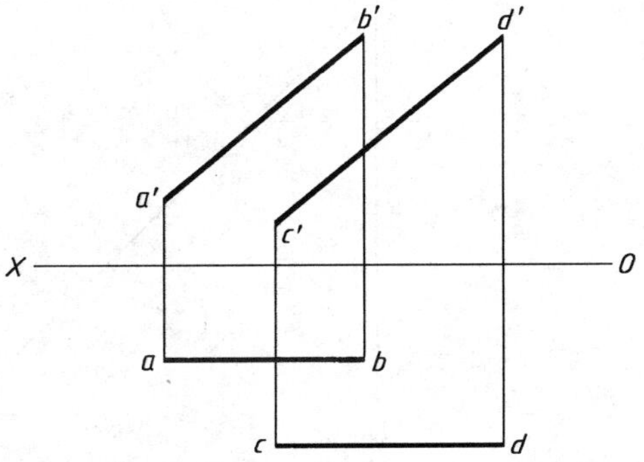

(4) 过点 *A* 作一平面,使其与两已知铅垂面均垂直。

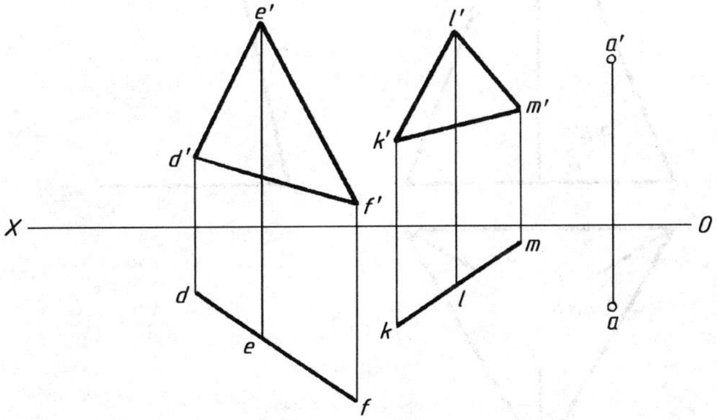

3-1 立体的投影

班级 ________ 姓名 ________

(1) 完成六棱柱及其表面上各点的三面投影。

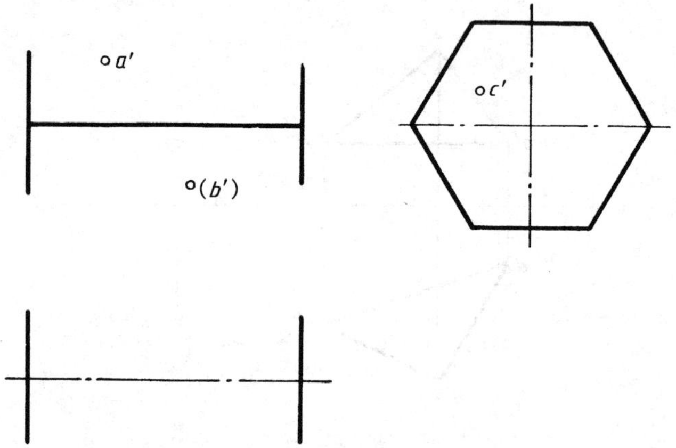

(2) 完成三棱锥及其表面上 *AB* 和 *AC* 直线的三面投影。

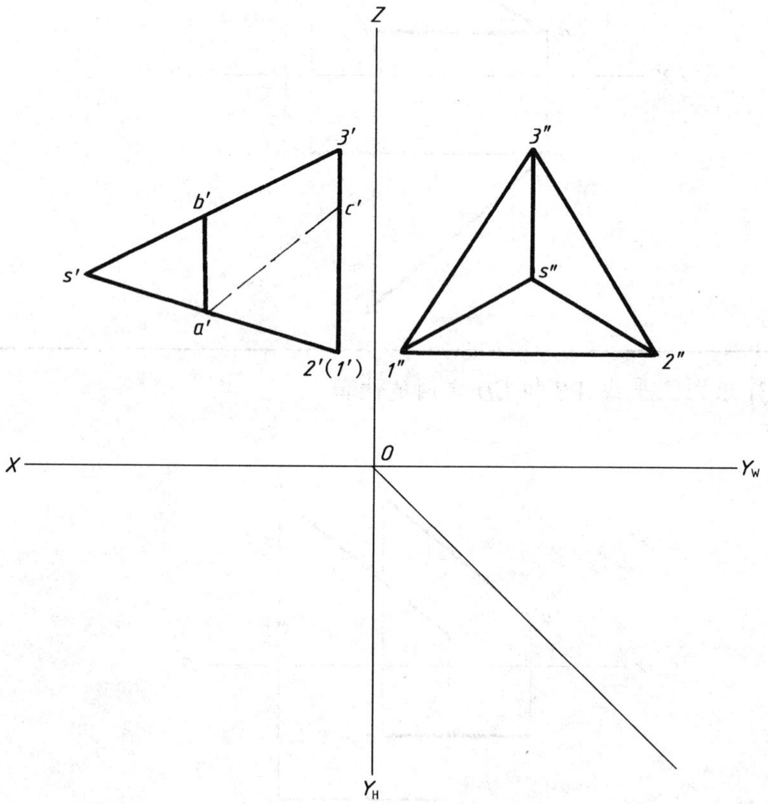

(3) 完成棱锥台及其表面上各点的三面投影。

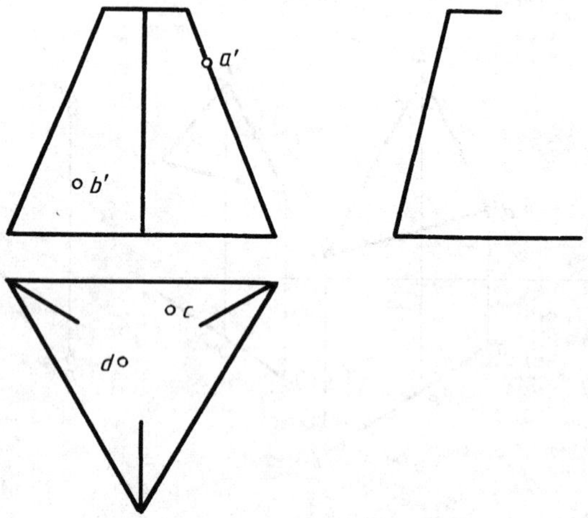

3-2 立体的投影

(1) 作出圆柱表面上各点的三面投影。

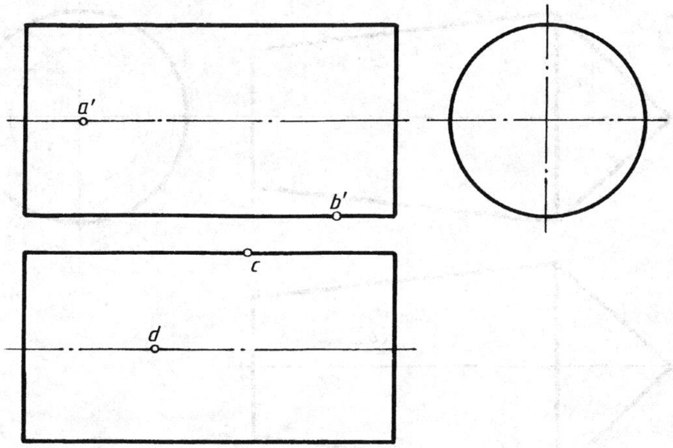

(2) 作出圆柱表面上各点的三面投影(各点的V面投影位于一条直线上),并把H面投影上各点连成线段,并判别其可见性。

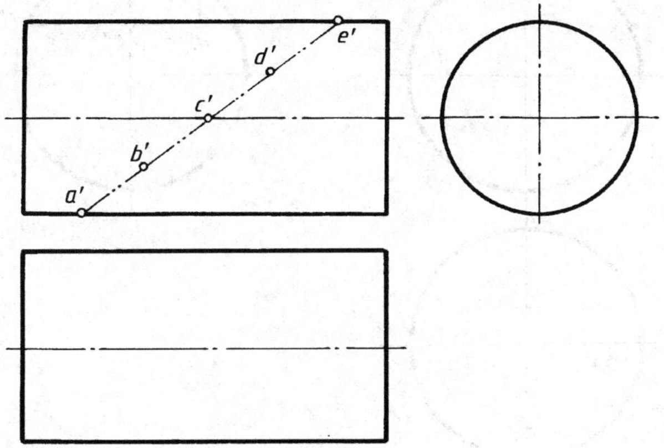

(3) 作出圆锥表面上各点的三面投影。

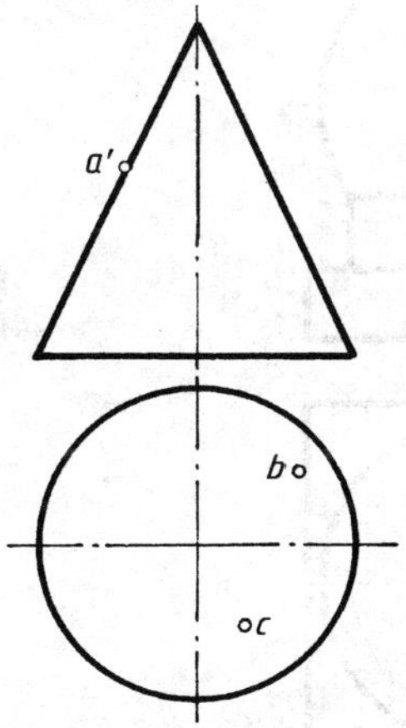

(4) 作出圆锥台上各点的H面投影(各点的V面投影位于一条直线上),并把H面投影上各点连成线段,并判别其可见性。

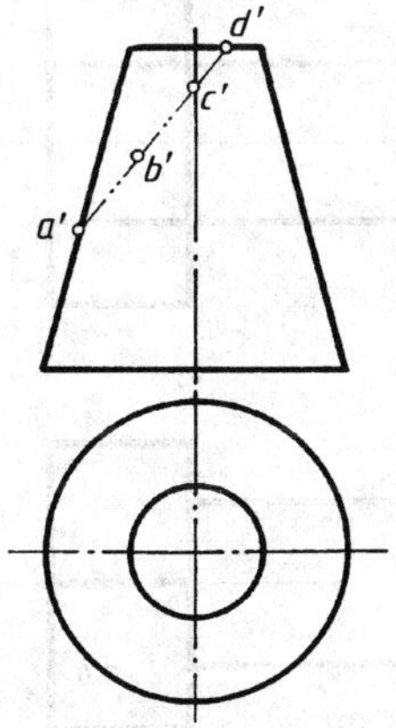

班级 ________ 姓名 ________

3-3 立体的投影

(1) 作出球面上各点的三面投影。

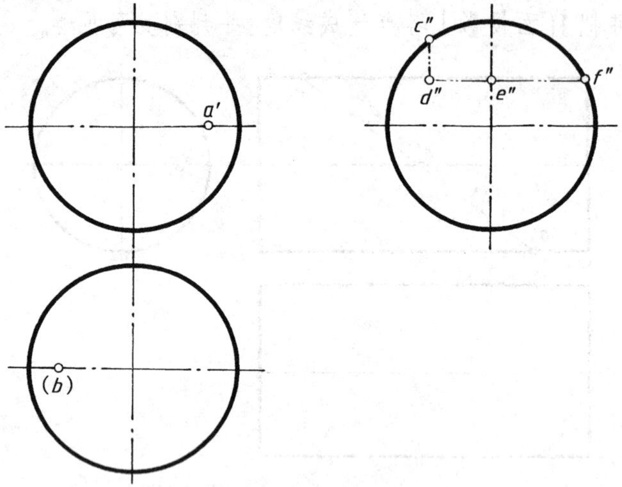

(2) 在组合体表面上,作出点 *A* 和点 *B* 的投影。

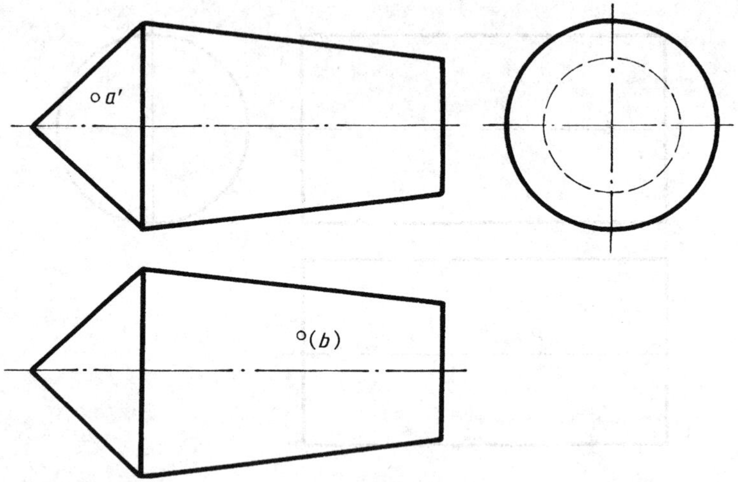

(3) 在组合体表面上,作出点 *A* 和点 *B* 的投影。

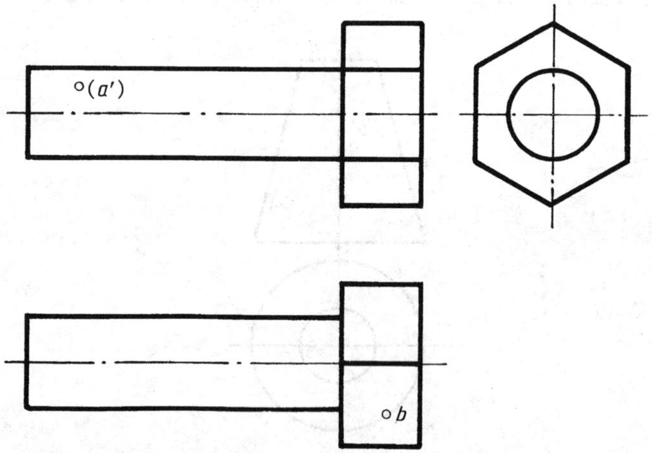

(4) 在组合体表面上,作出点 *A* 和点 *B* 的投影。

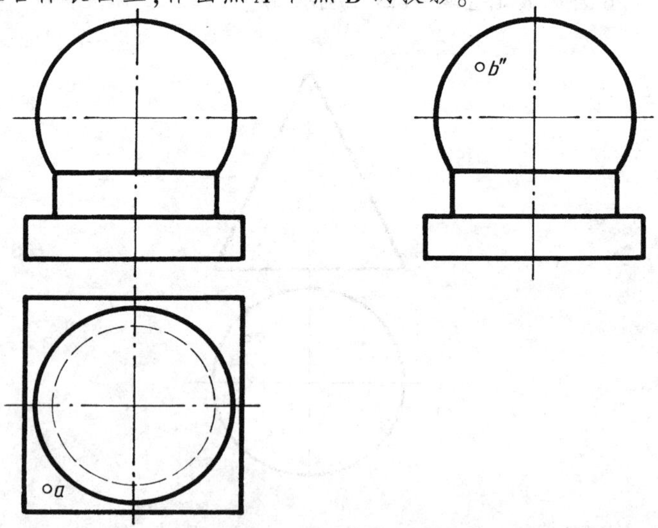

3-4　平面和立体相交

班级 ________ 姓名 ________

分析下列图中的截交线,并补画第三投影。

(1)

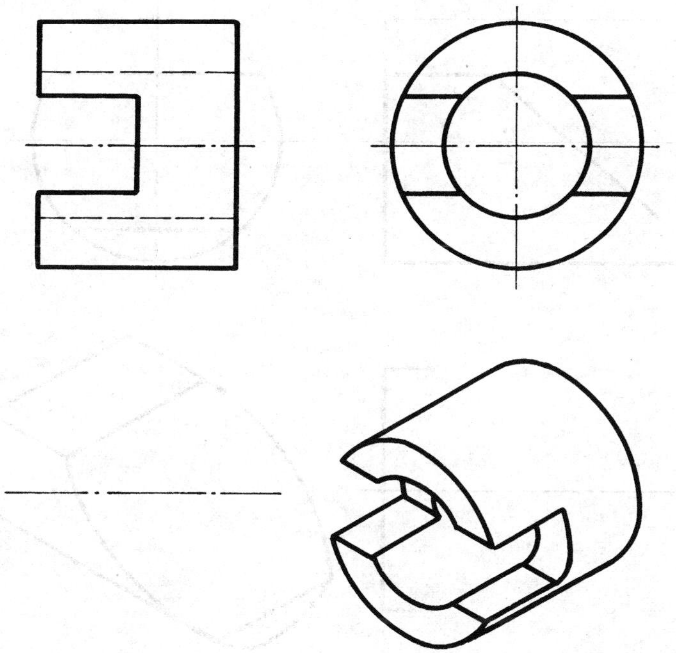

(2)

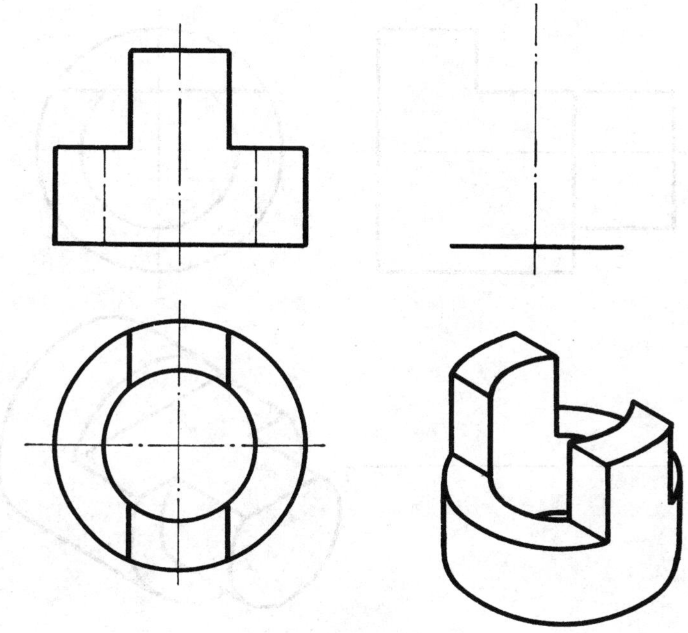

3-5 平面和立体相交

分析下列图中的截交线,并补画第三投影。

(1)

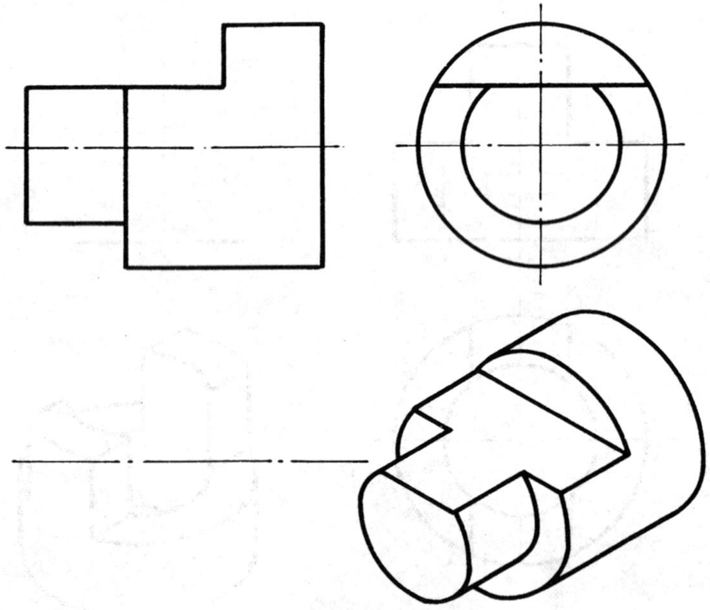

(2)

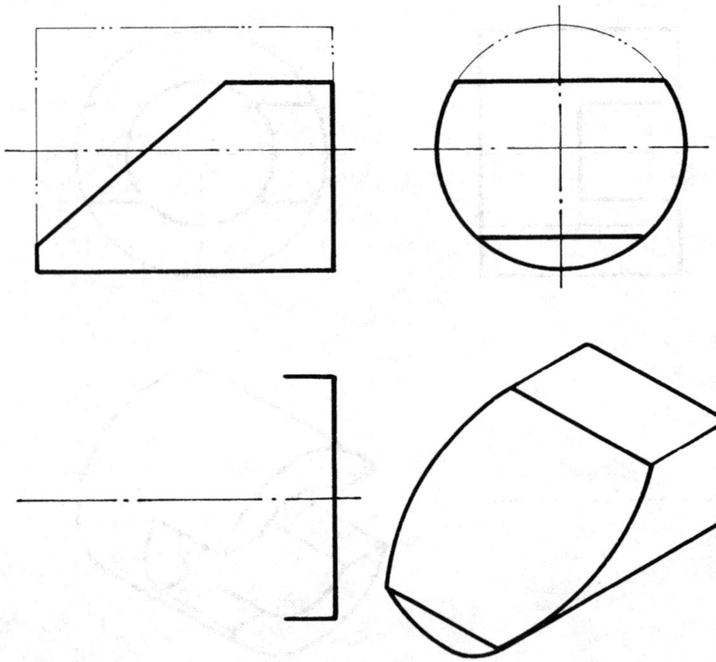

3-6 平面和立体相交

(1) 完成带有切口的三棱锥的三面投影。

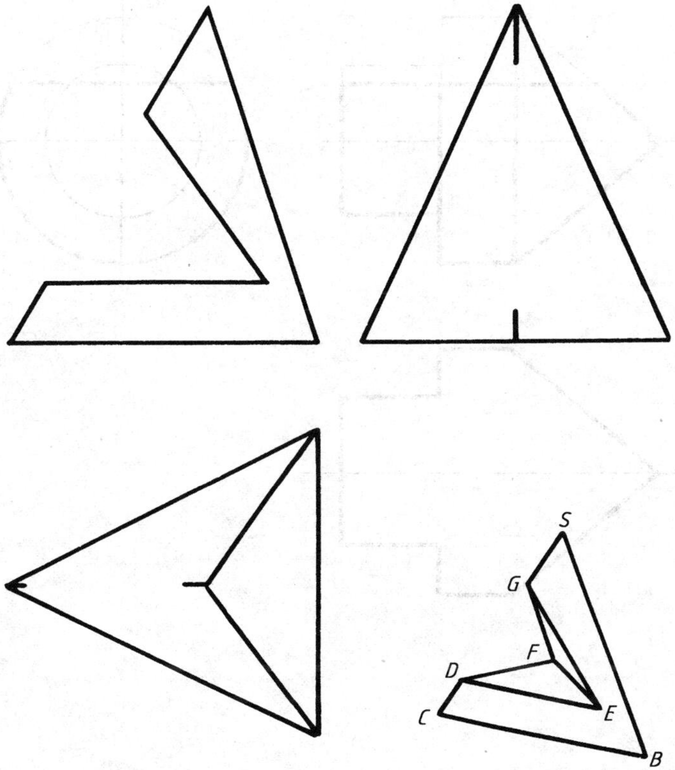

(2) 完成带有四棱柱形通孔的圆柱的各投影。

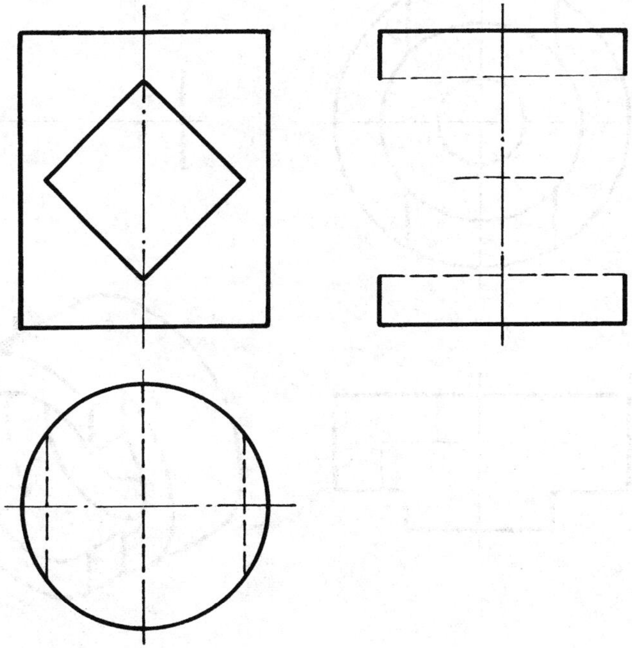

3-7 平面和立体相交

(1) 分析立体表面的截交线,并补画第三投影。

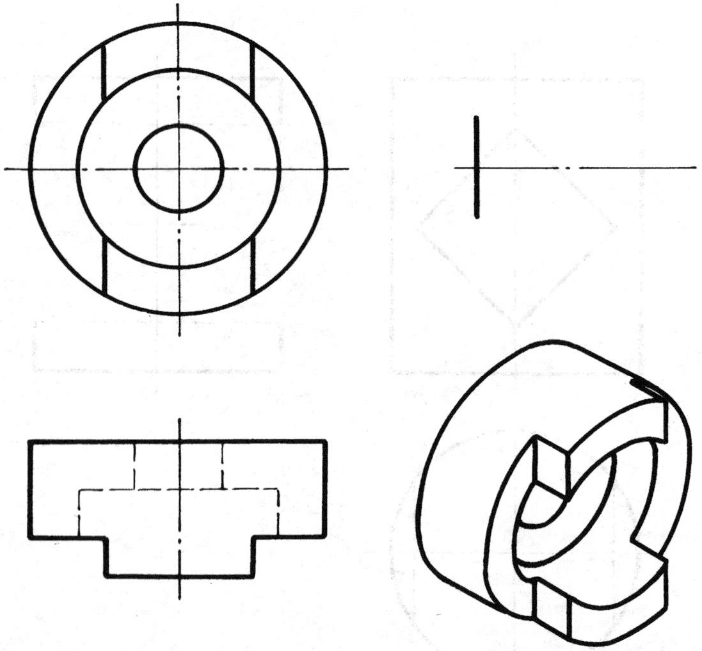

(2) 分析组合体表面的截交线,并补全第三投影。

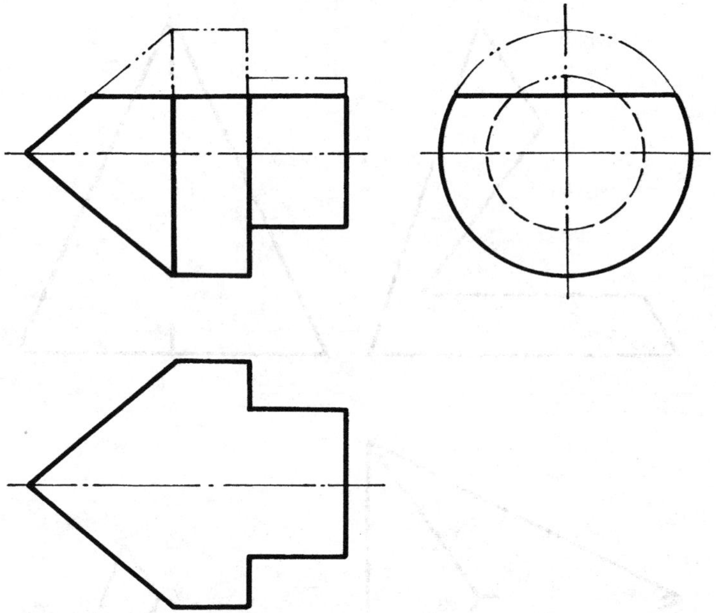

3-8 平面和立体相交

(1) 完成圆锥被六棱柱的六个侧面截交后交线的各投影。

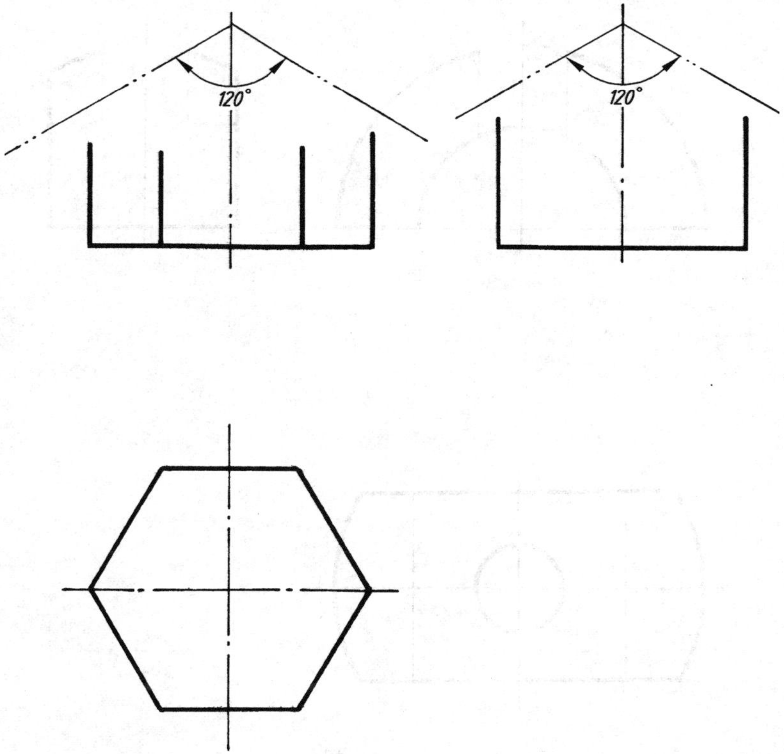

(2) 完成半球上开槽后截交线的各投影。

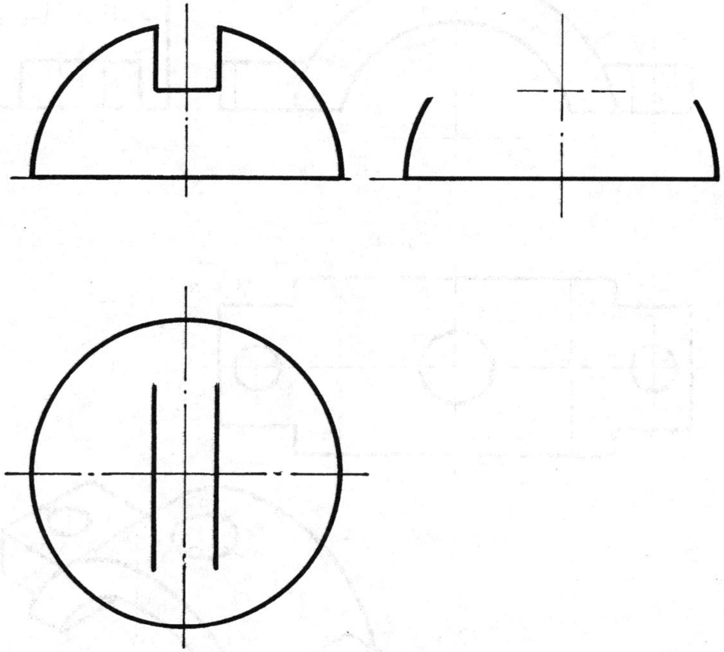

班级 ________ 姓名 ________

3-9 平面和立体相交、两立体相交

(1) 分析立体表面的交线，并补全图中交线的投影。

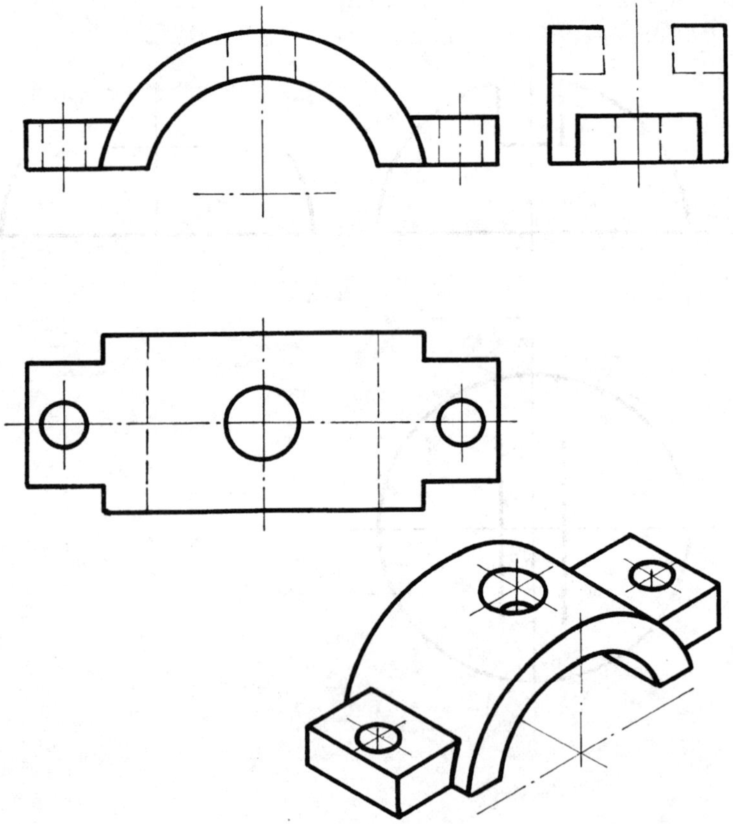

(2) 分析立体表面的交线，并补全图中交线的投影。

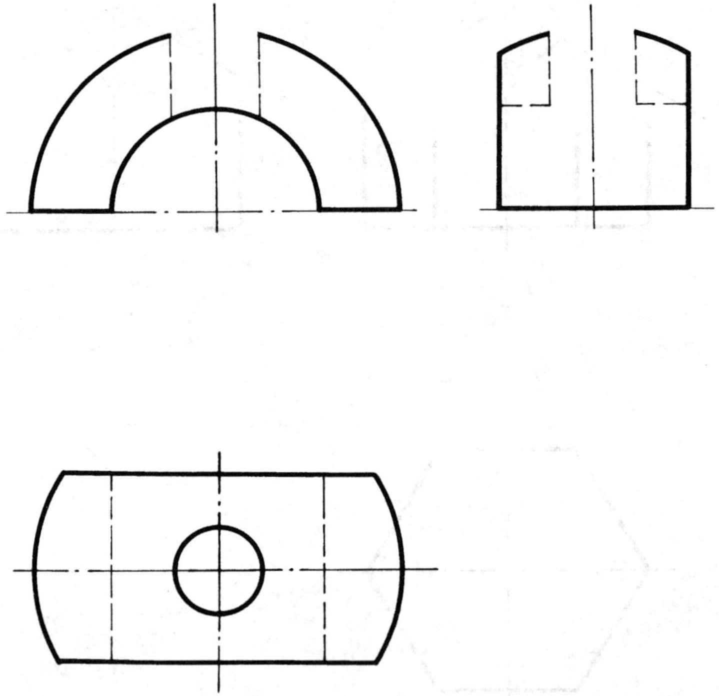

3-10　两立体相交

班级＿＿＿＿　姓名＿＿＿＿

(1) 作出三通管上各表面交线的投影。

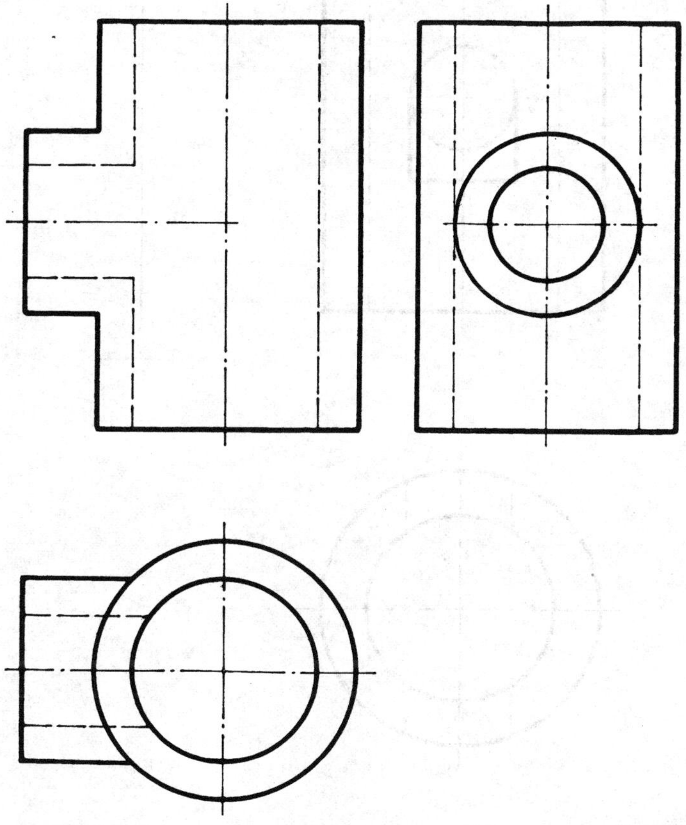

(2) 补全穿孔圆柱表面交线的投影。

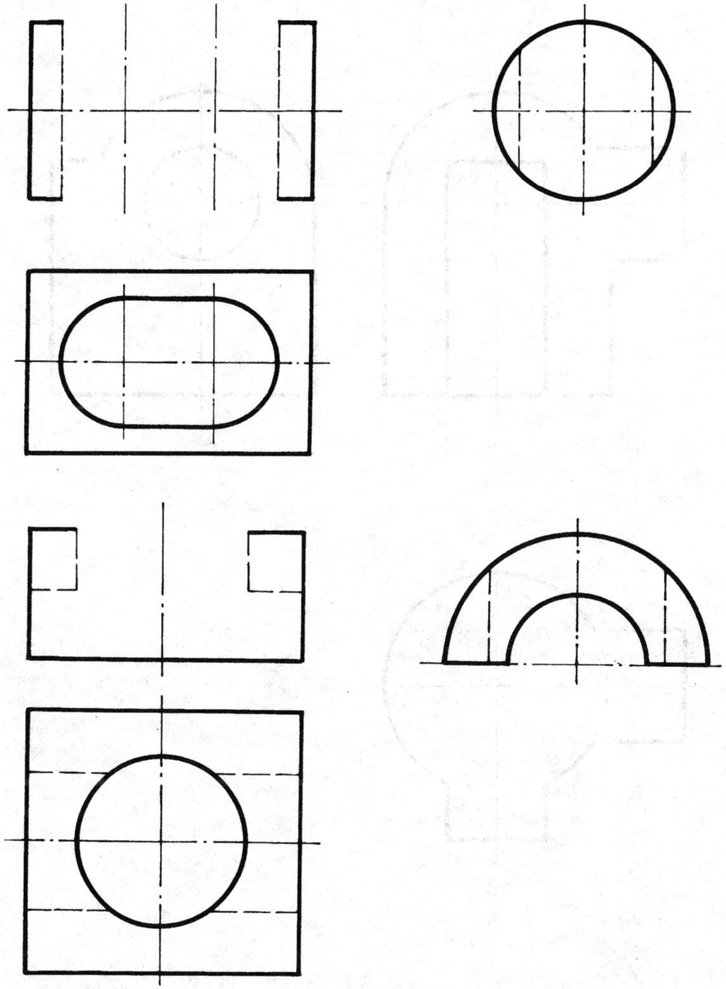

3-11 两立体相交

(1) 分析立体表面的交线，并补全交线的各投影。

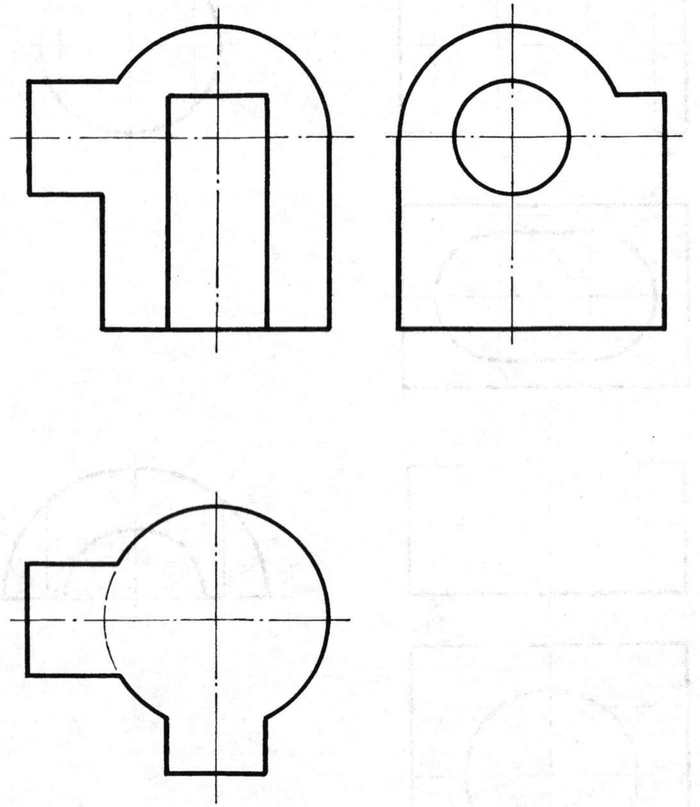

(2) 分析立体表面的交线，并补画侧面投影。

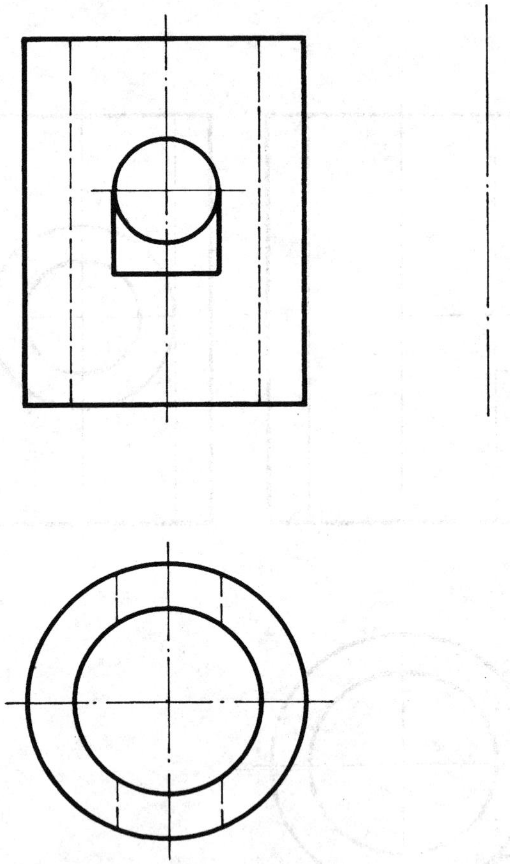

班级 ________ 姓名 ________

4-1 正等测

画出立体的正等测。

(1)

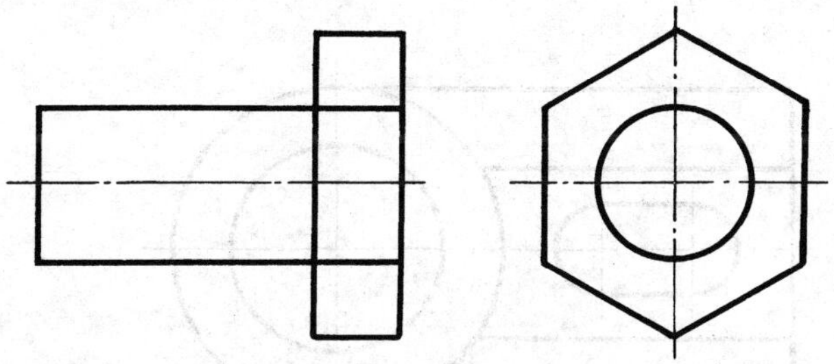

(2)

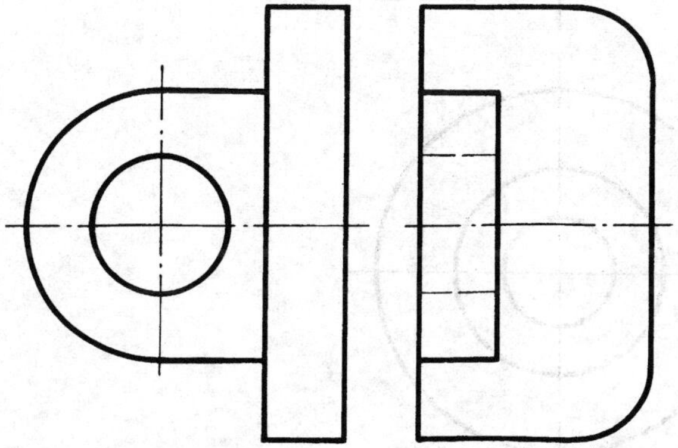

4-2　斜二测

班级 ________ 姓名 ________

画出立体的斜二测。

(1)

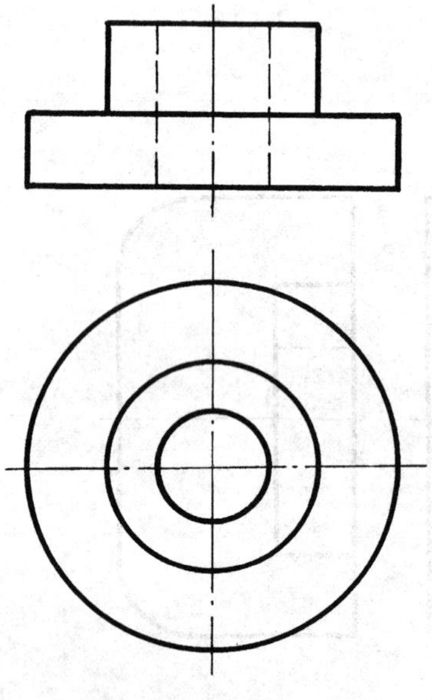

(2)

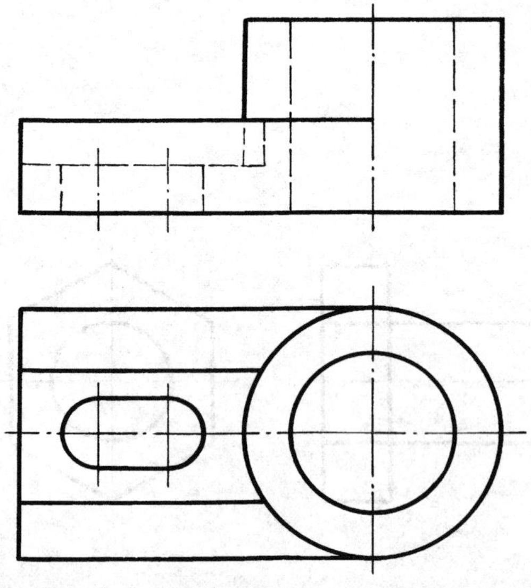

5-1 补线练习

(1) 补全左视图中所缺的线条。

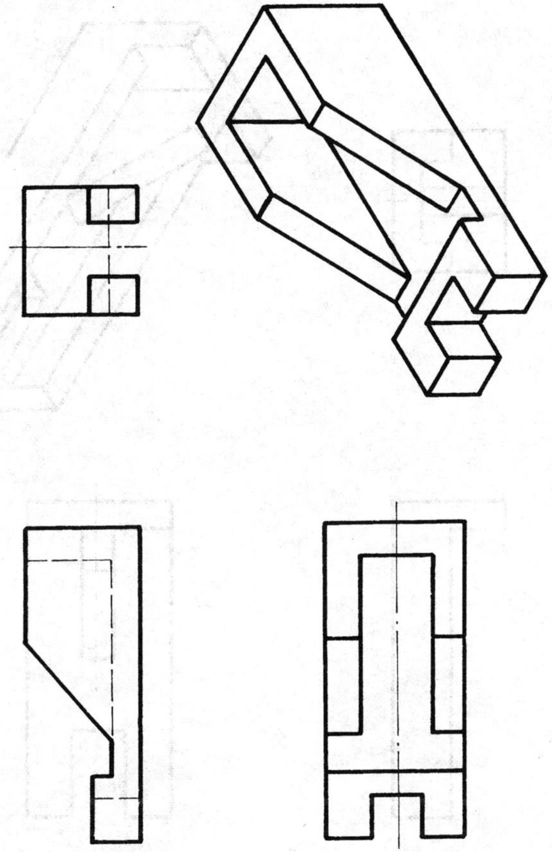

(2) 补全俯视图中所缺的线条。

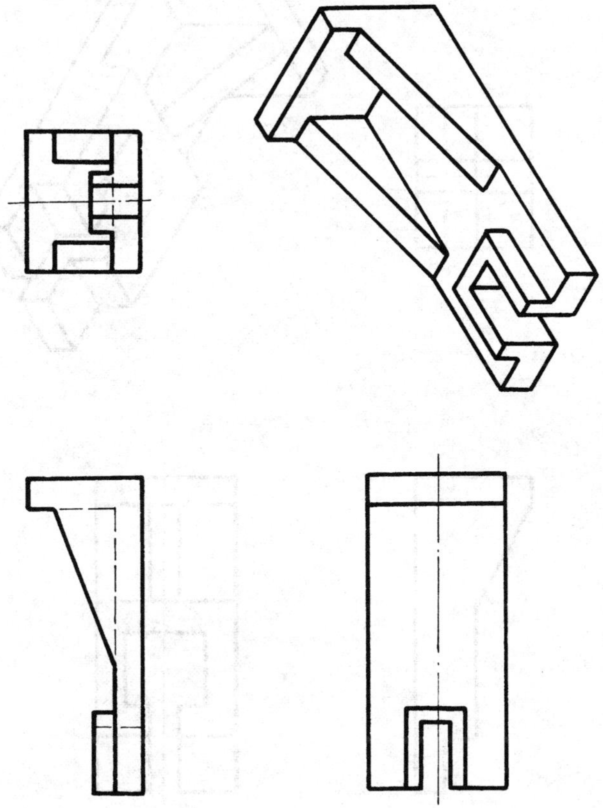

5-2 补线练习

班级 ________ 姓名 ________

(1) 补全主视图中所缺的线条。

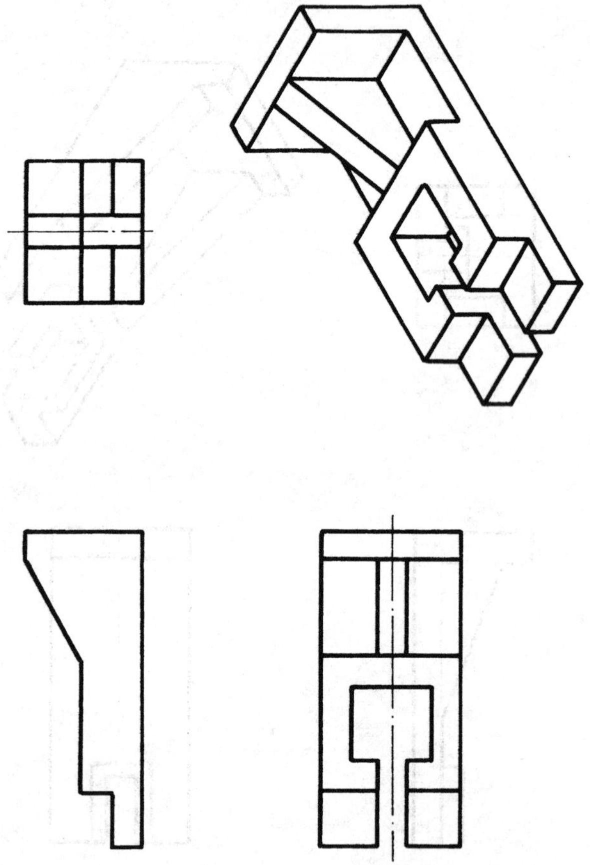

(2) 补全三视图中所缺的线条。

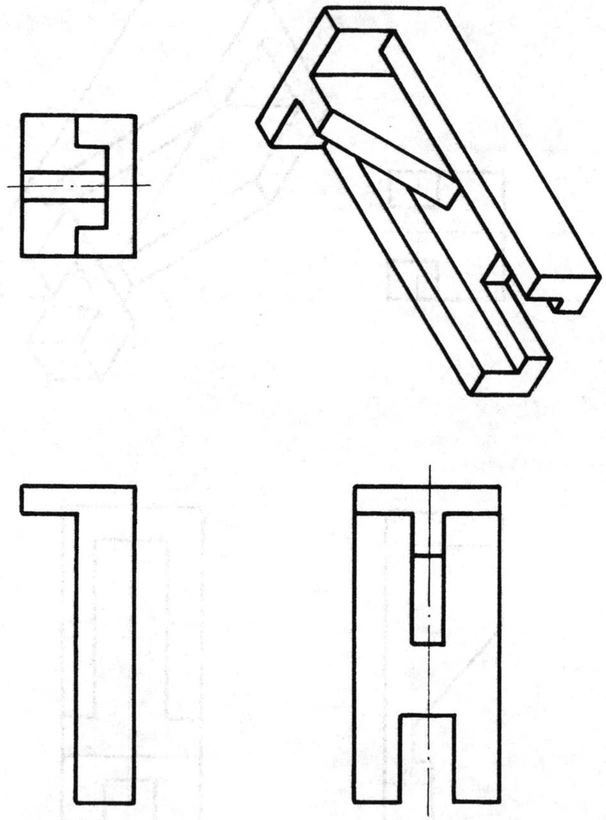

班级 ________ 姓名 ________

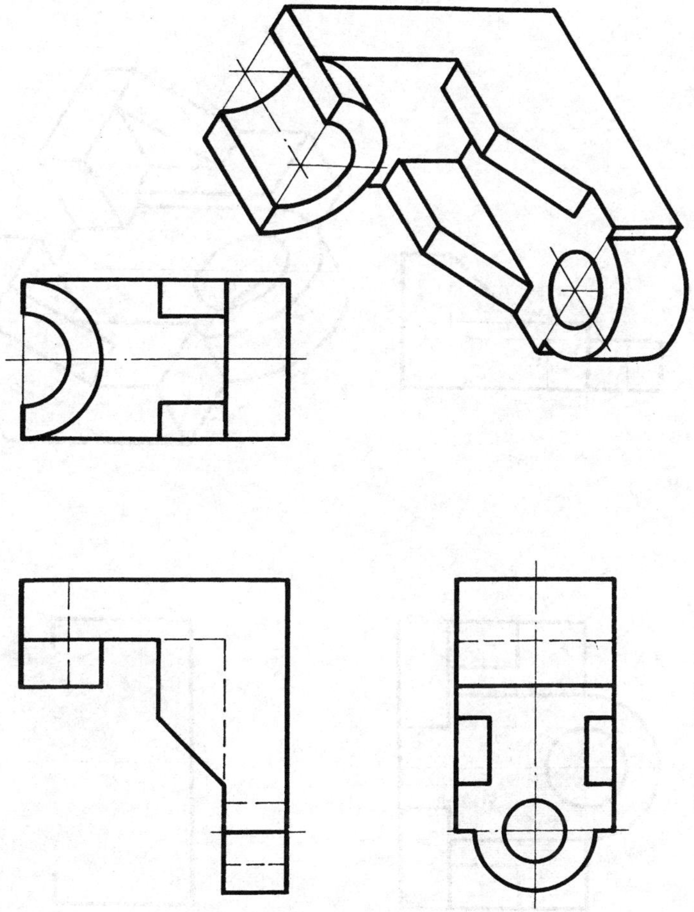

(1) 补全俯、左视图中所缺的线条。

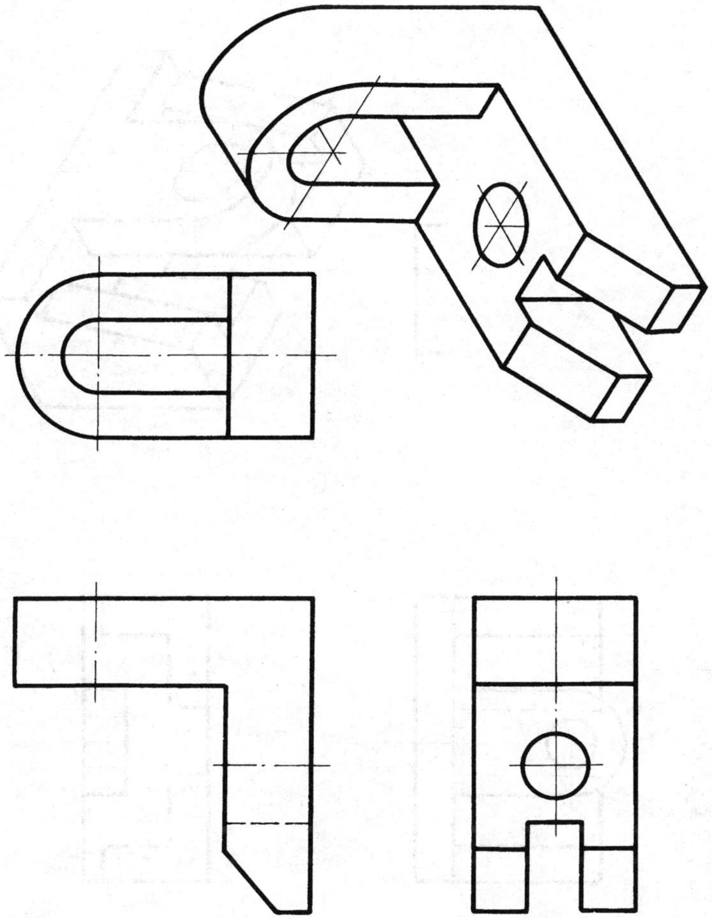

(2) 补全三视图中所缺的线条。

5-4 补全视图

班级 ________ 姓名 ________

(1) 在指定的位置上补全左视图。

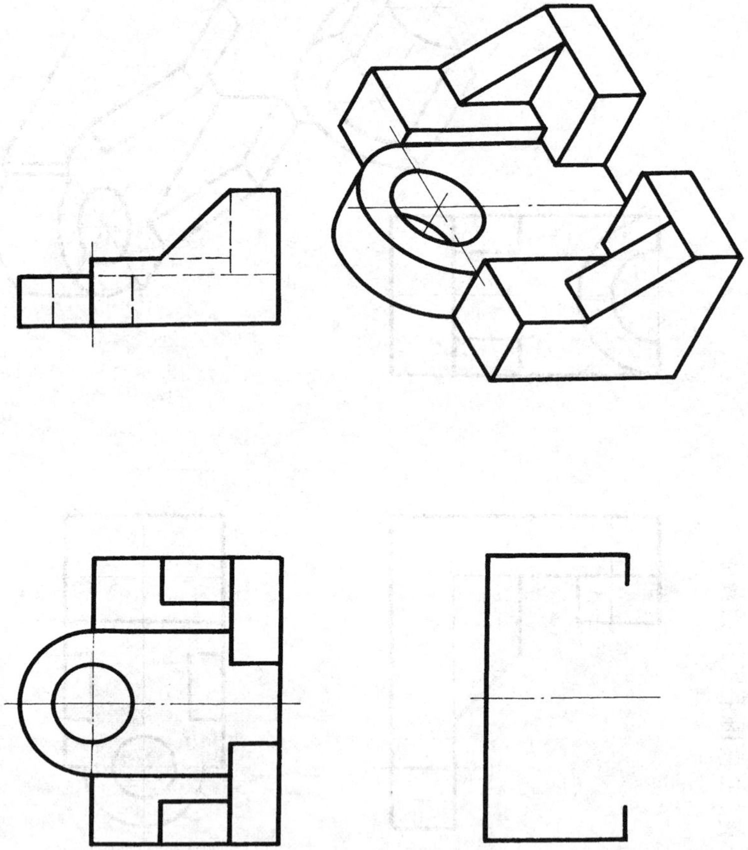

(2) 在指定的位置上补全俯视图。

班级________ 姓名________

5-5 补全视图

(1) 补全俯视图、左视图。

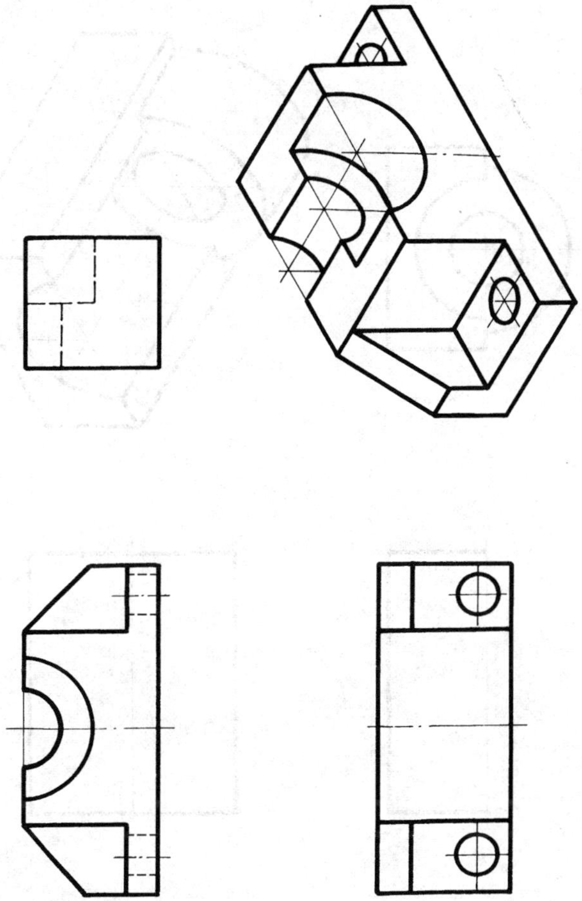

(2) 补全俯视图、左视图。

5-6 补全视图

班级 ________ 姓名 ________

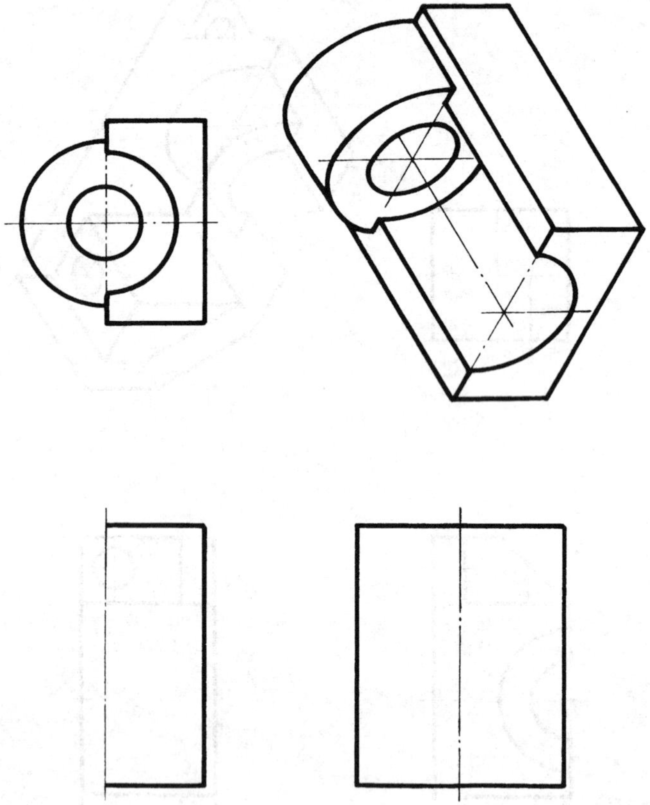

(1) 补全主视图、俯视图。

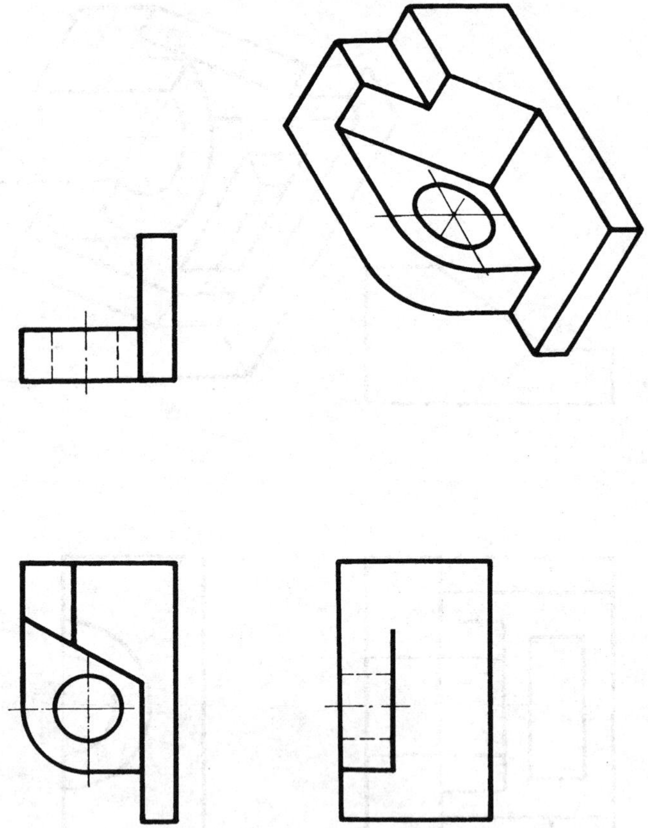

(2) 补全俯视图、左视图。

根据轴测图在指定的位置上画全立体的三视图。

(1)

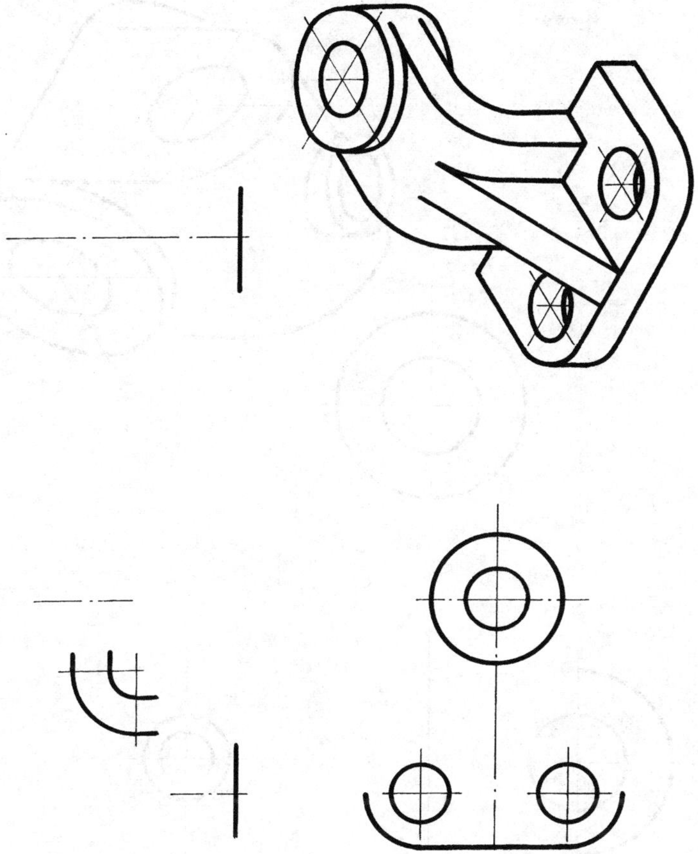

(2)

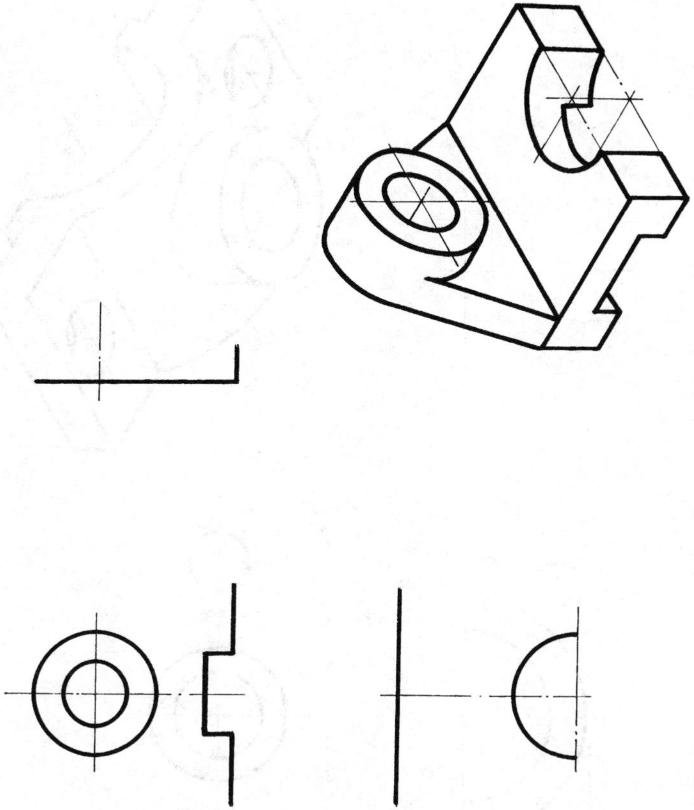

5-8　由轴测图画三视图

根据轴测图在指定的位置上画全立体的三视图。

(1)

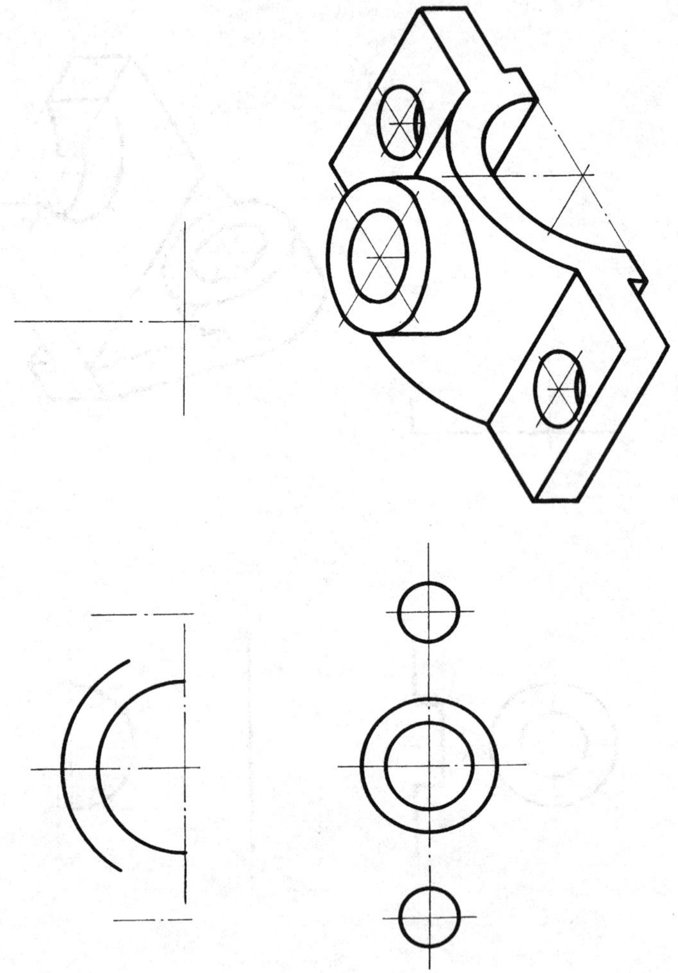

(2)

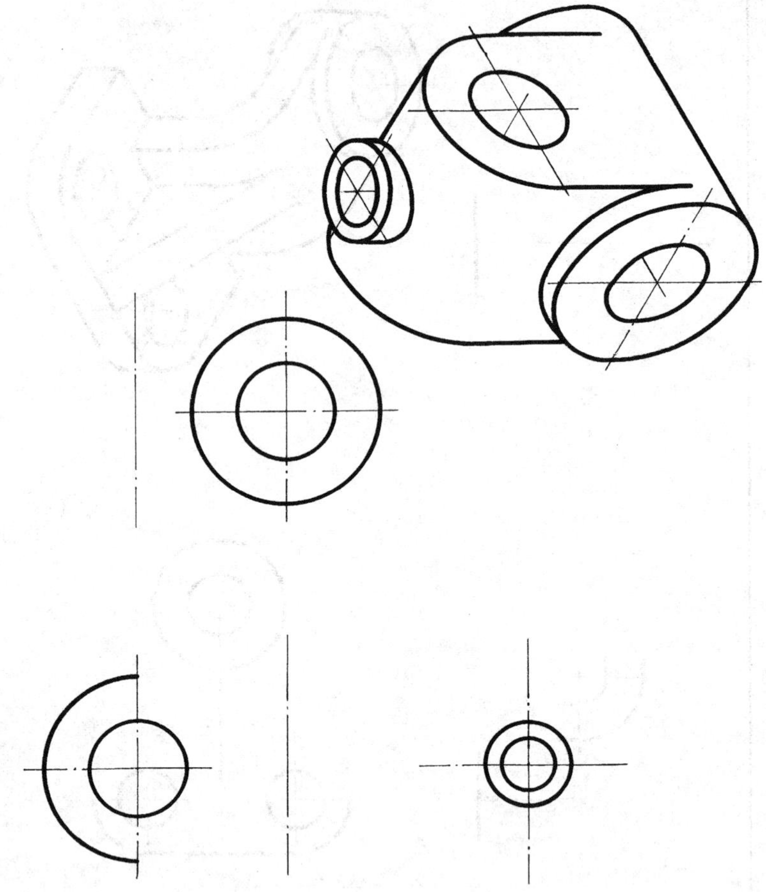

班级 ________ 姓名 ________

5-9 求第三视图

由下列各组合体的两视图补画第三视图,并注意图形的异同点。

(1)

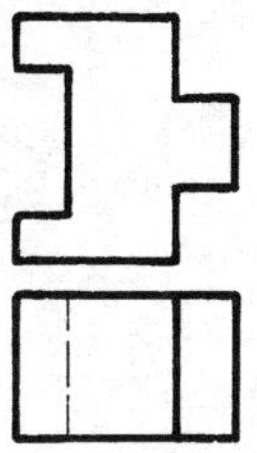

(2)

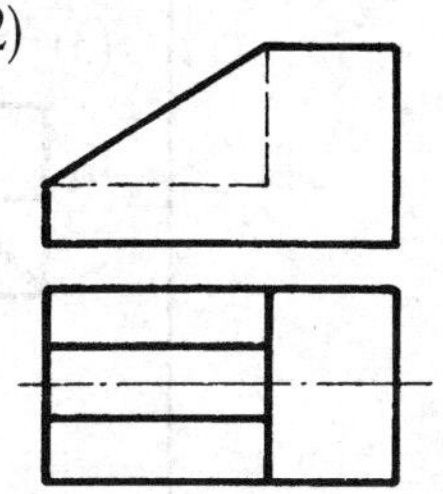

(3)

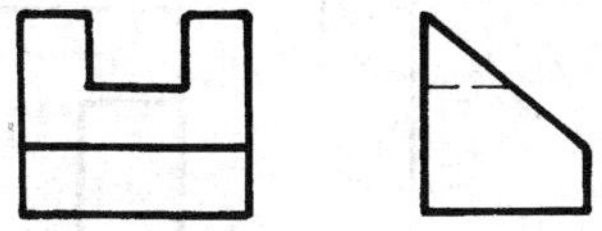

(4)

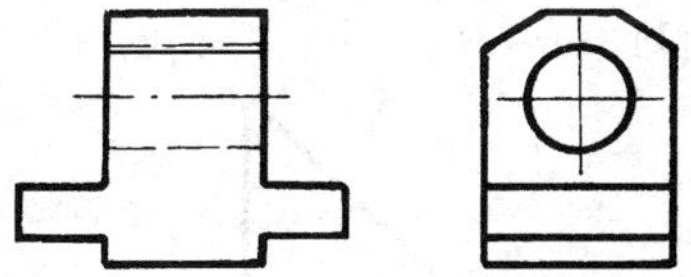

(5)

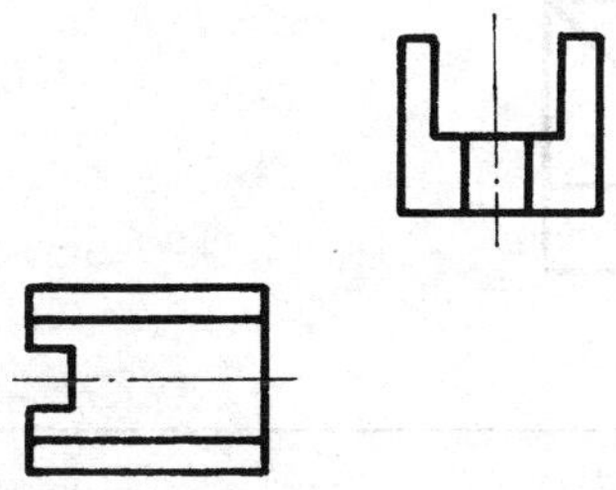

(6)

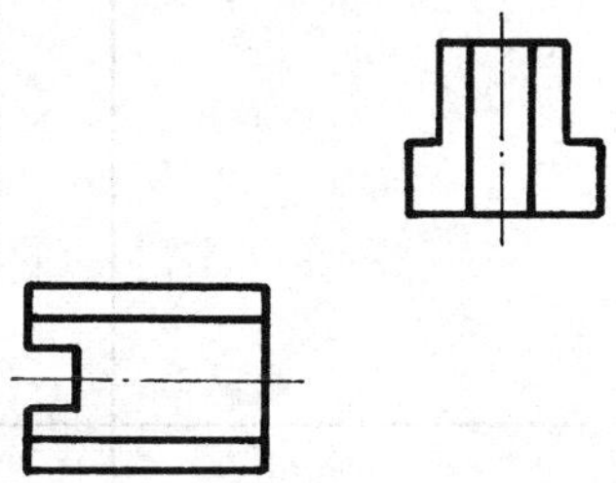

(7)

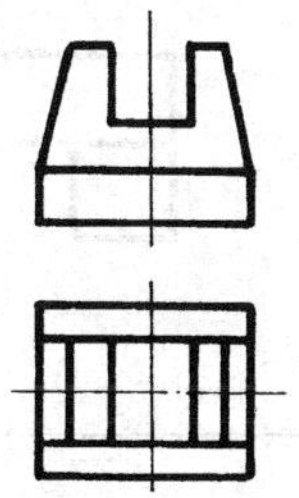

(8)

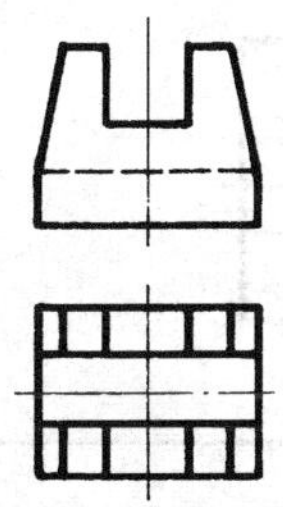

(9)

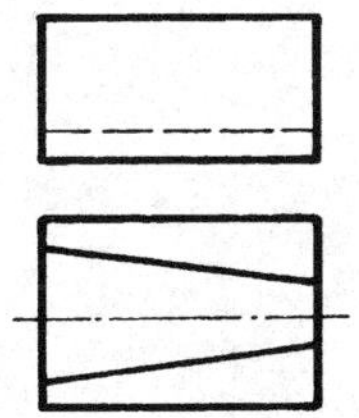

(10)

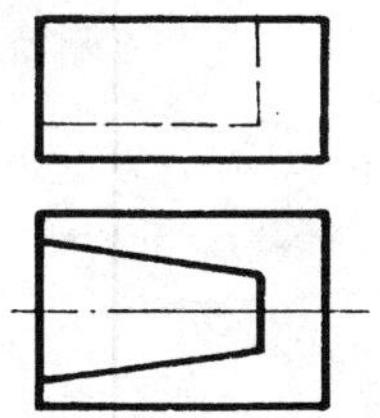

(11)

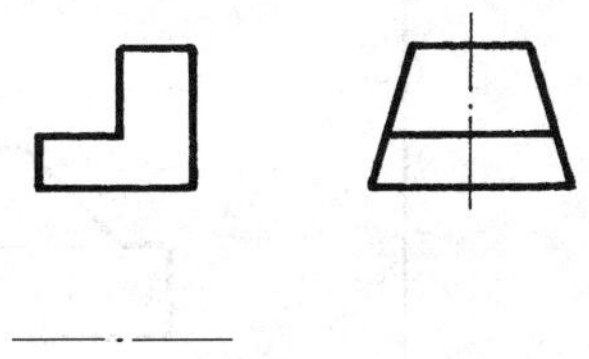

(12)

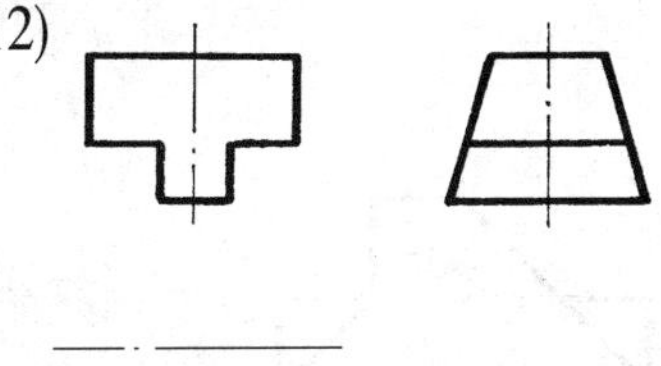

(13)

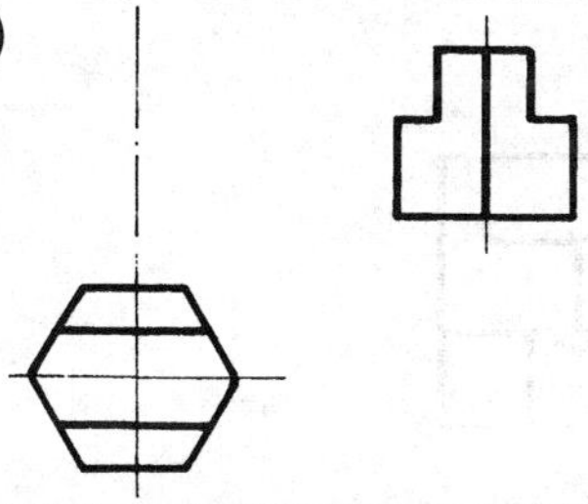

(14)

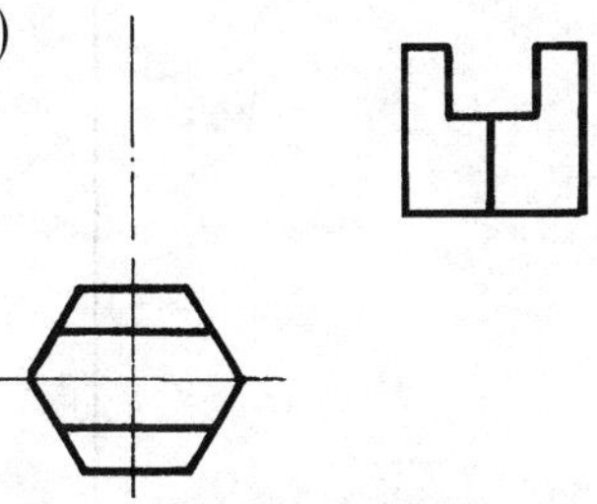

(15)

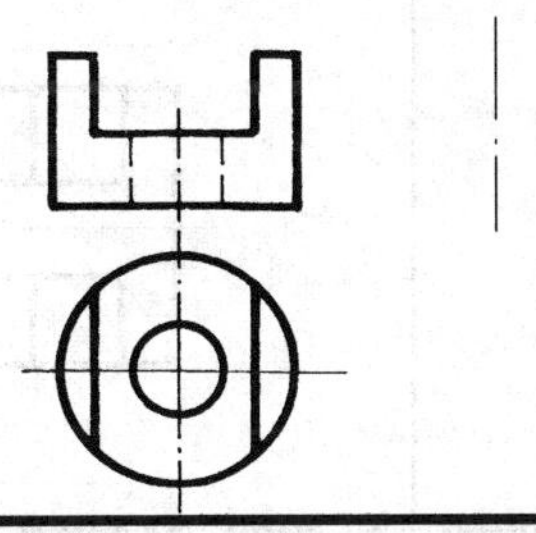

(16)

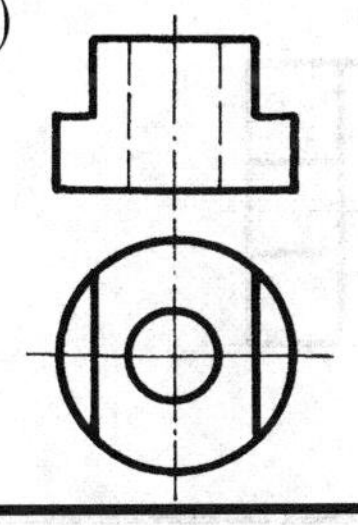

5-10　求第三视图

班级 ________ 姓名 ________

由下列两视图想象出空间立体，并补画其左视图。

(1)

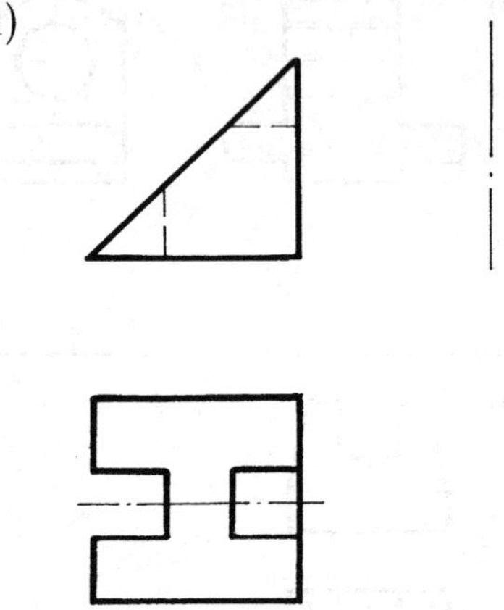

(2)

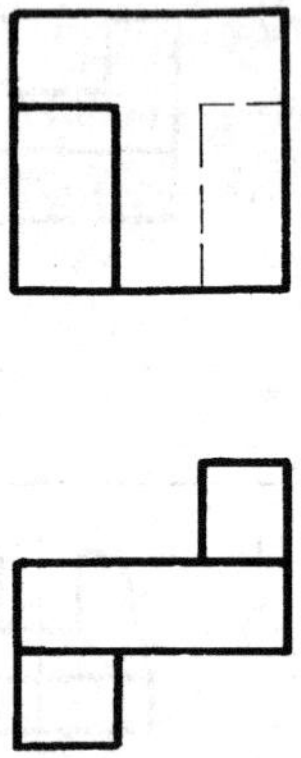

(3)

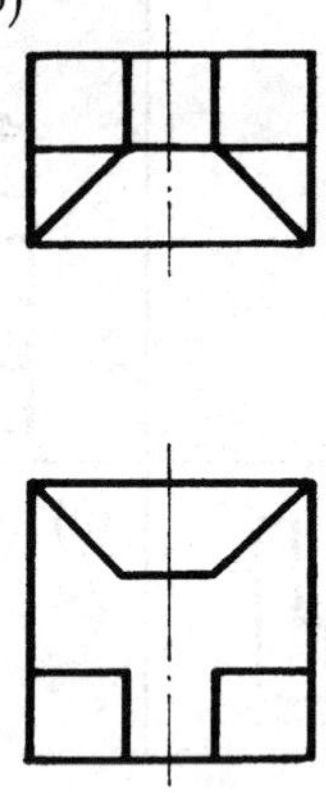

(4)

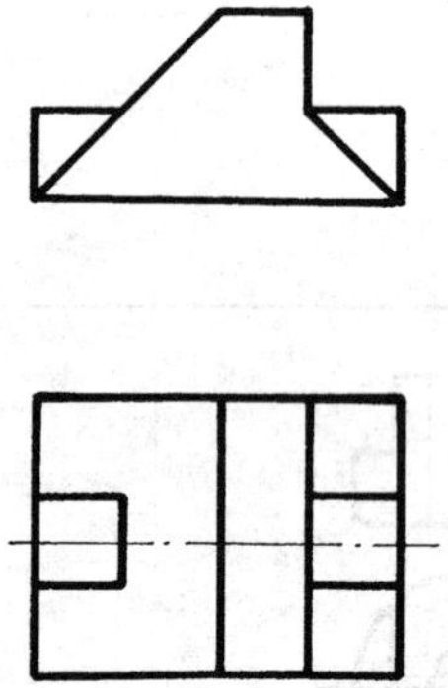

(5)

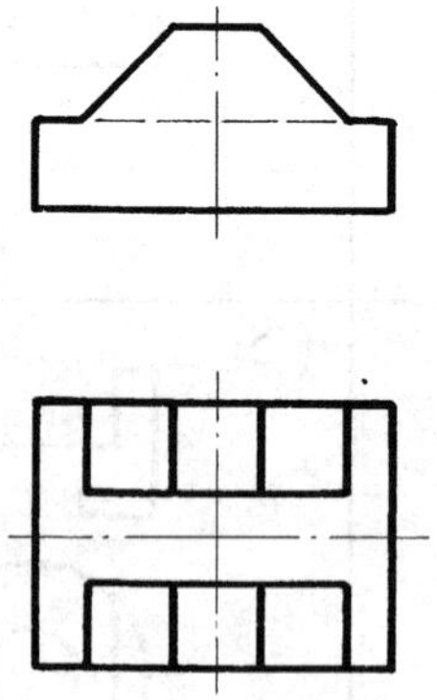

(6)

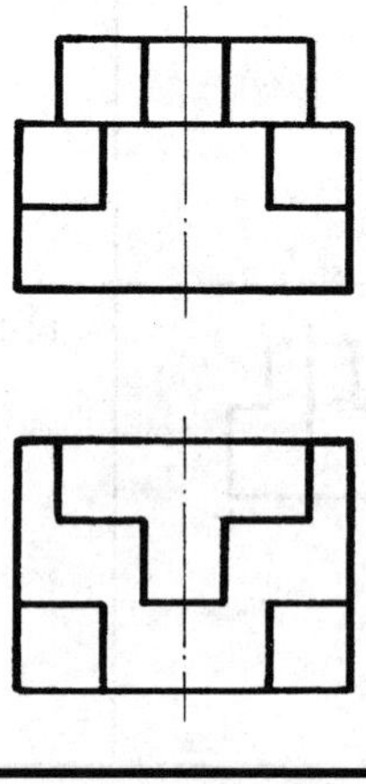

5-11　求第三视图

班级 ________ 姓名 ________

由下列两视图想象出空间立体,并补画其左视图。

(1)

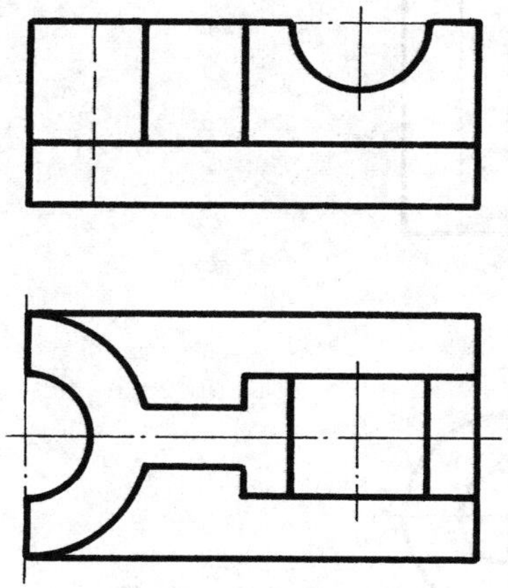

(2)

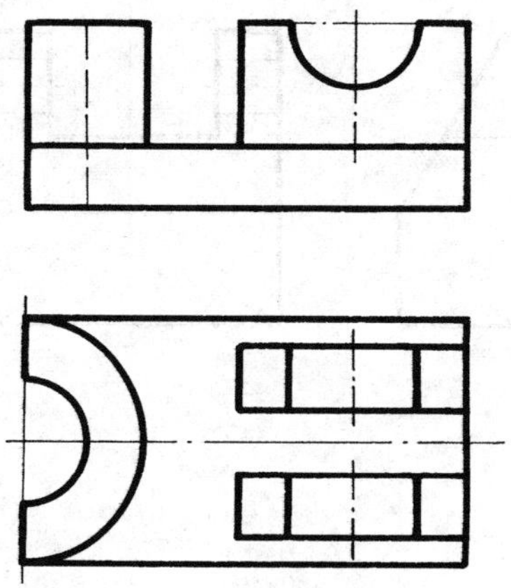

(3)

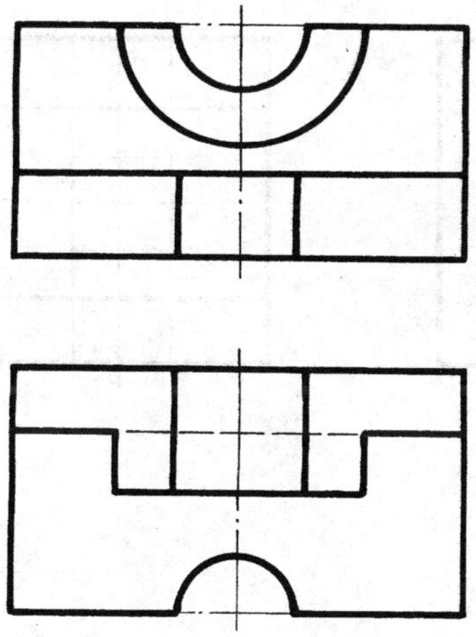

(4)

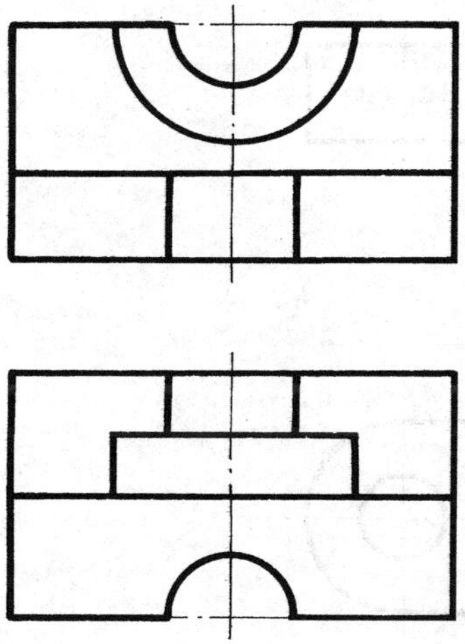

5-12　求第三视图

由下列两视图补画第三视图。

(1)

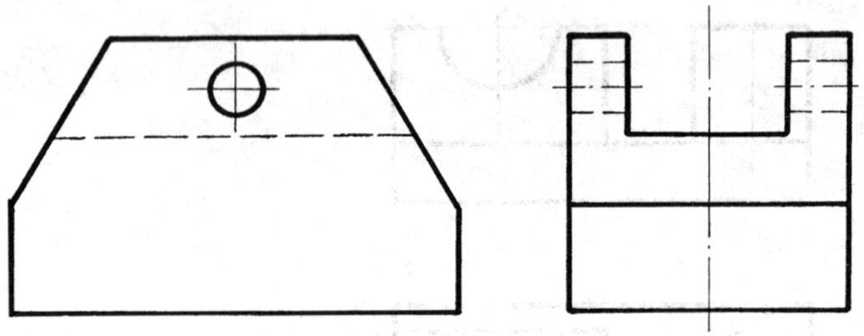

(2)

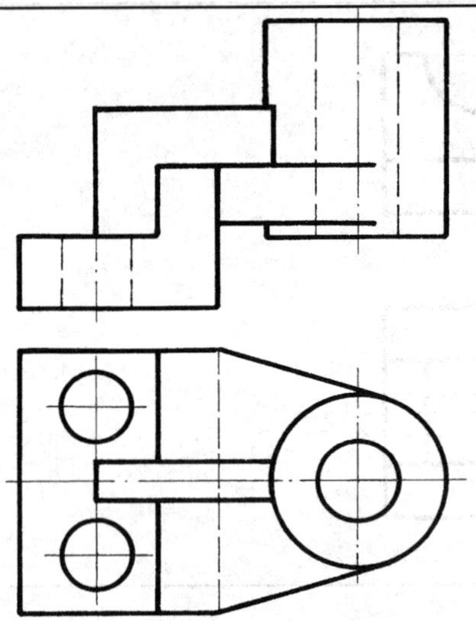

(3)

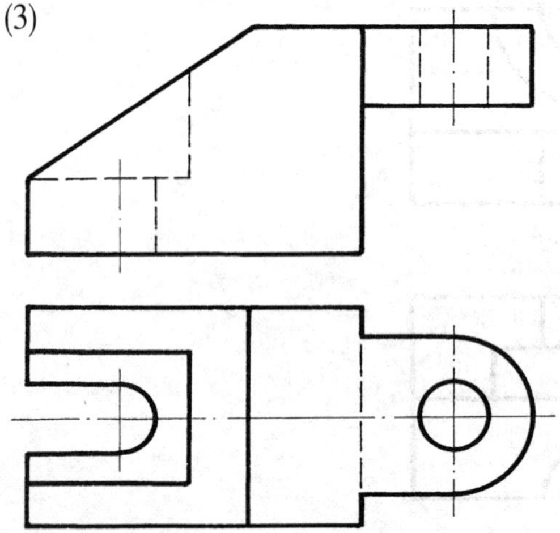

(4)

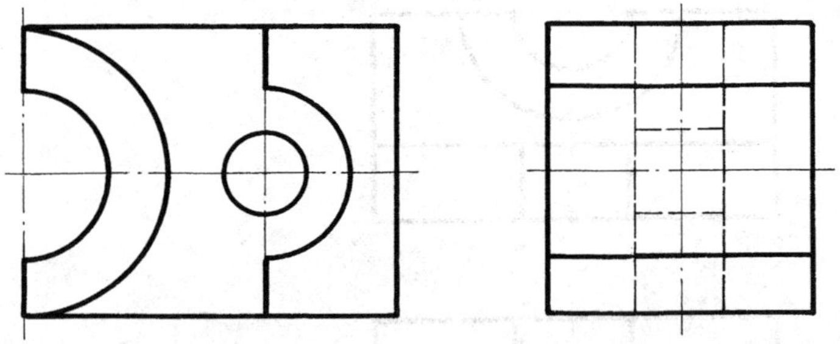

5-13 补全视图

(1) 补全左视图。

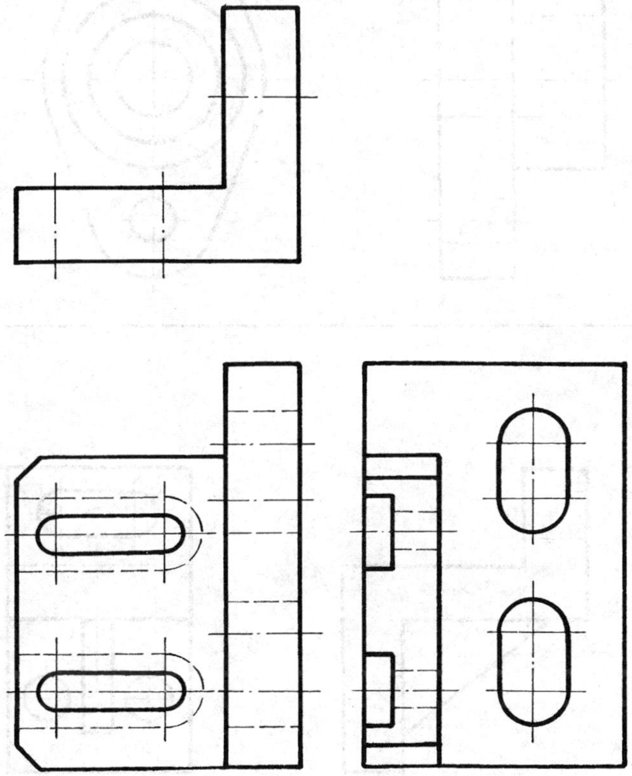

(2) 补全俯视图。

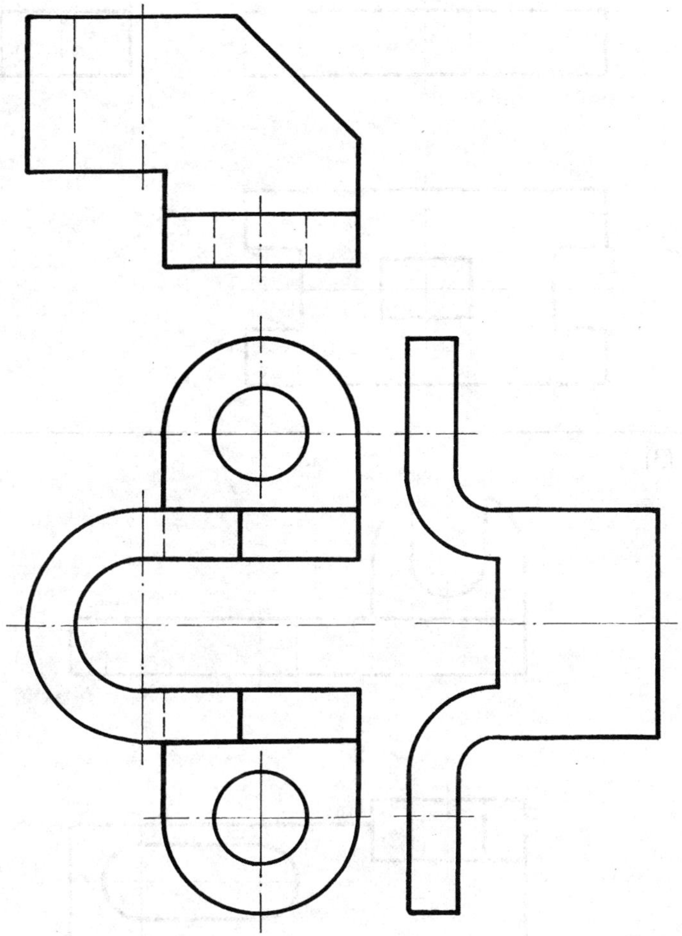

5-14　尺寸标注

班级 ________ 姓名 ________

在下列图形上标注尺寸，数值从图上量取，取整数。

(1)

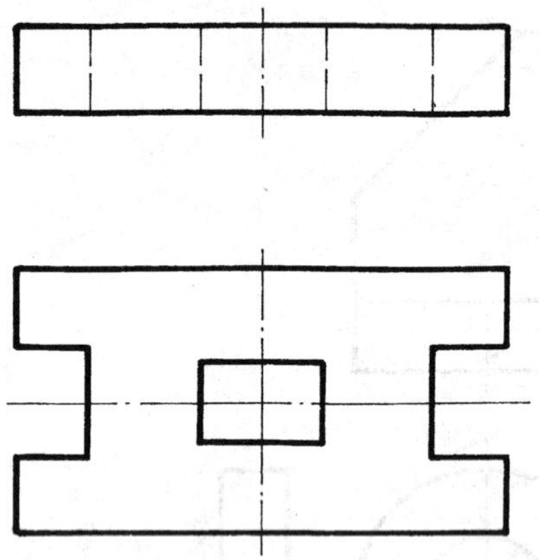

(2)

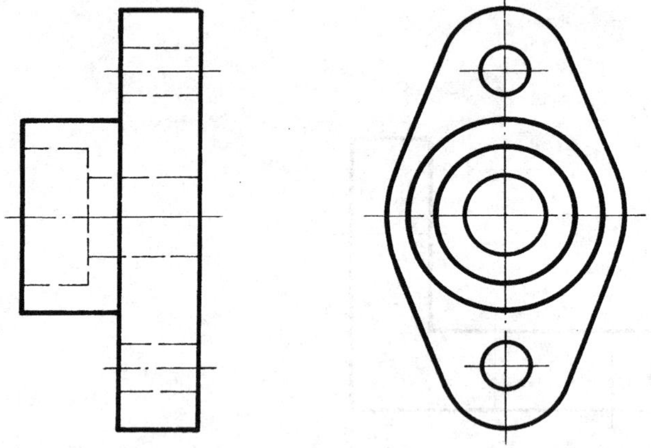

(3)

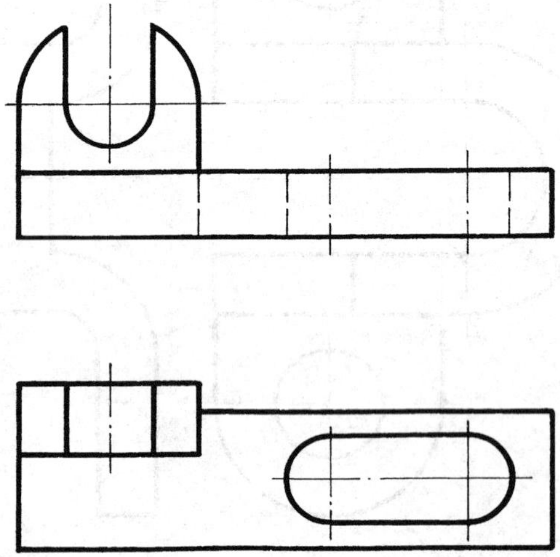

(4)

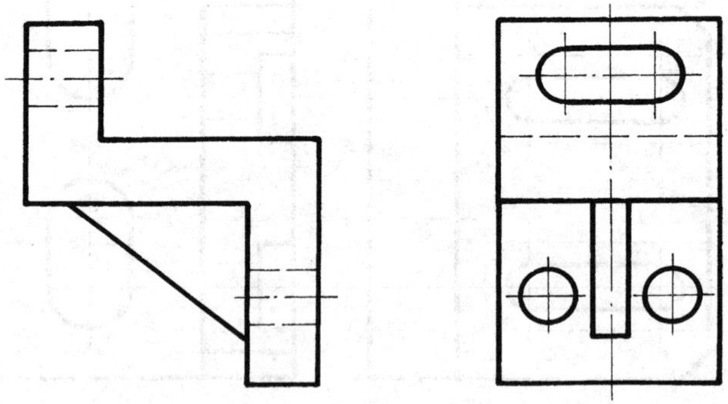

5-15 补表面交线

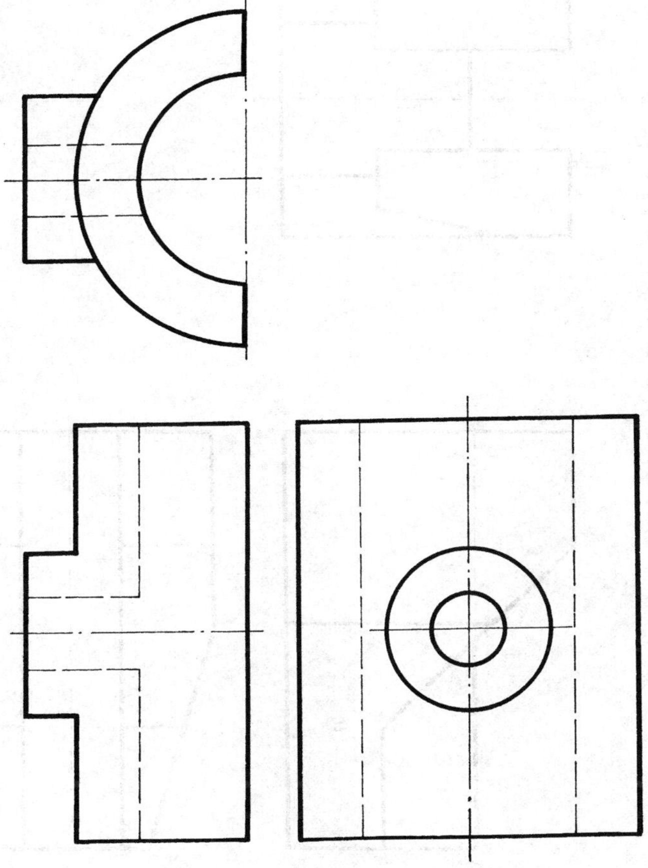

(1) 补画出主视图中所缺的线条。

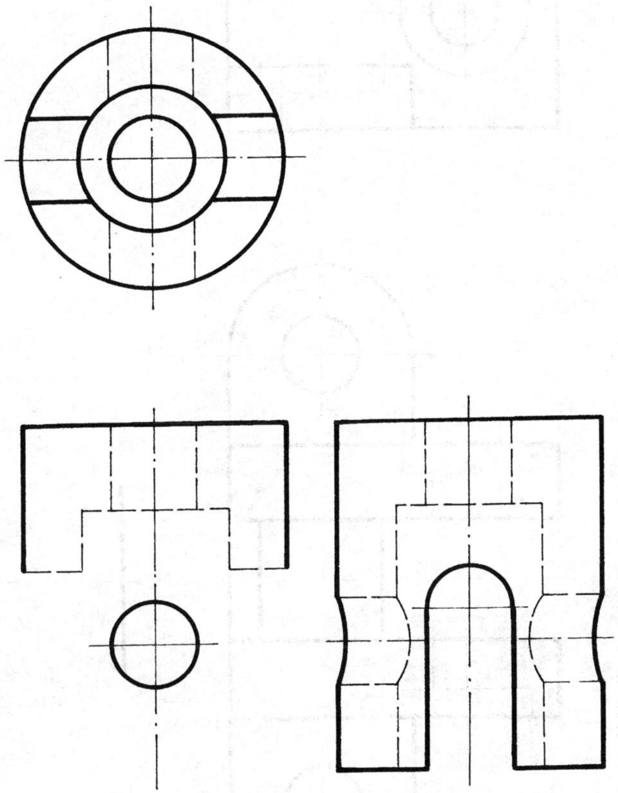

(2) 补画出主视图中所缺的线条。

班级 ________ 姓名 ________

(1) 在指定位置上补全俯视图。

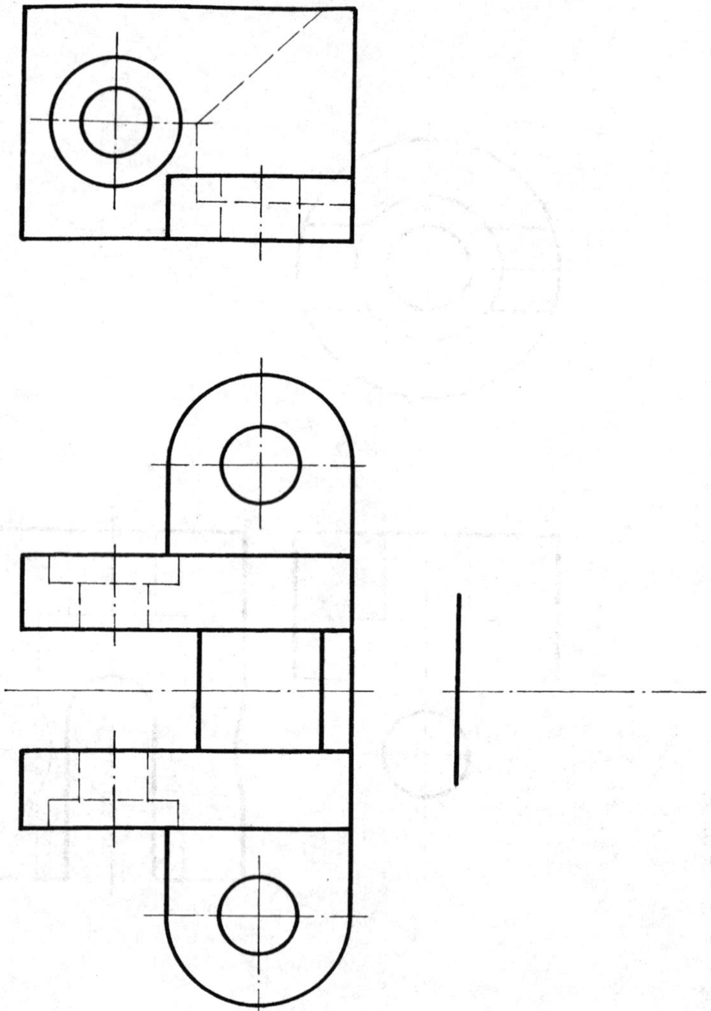

(2) 读懂组合体的三视图，并标出 A, B, C, D 各面在另两视图中的位置。

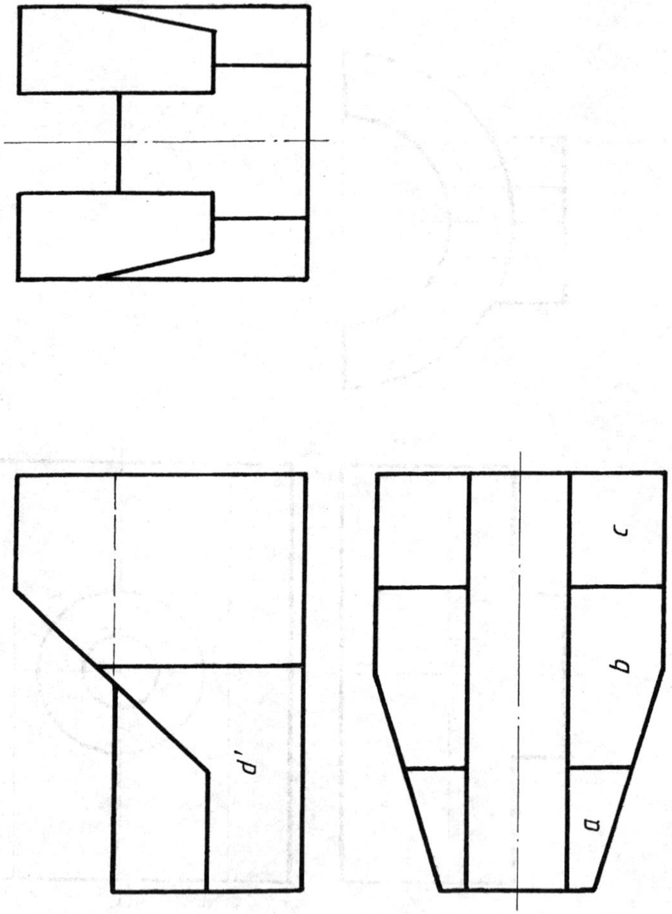

5-17 线面分析

读懂下列立体的三视图，并标出字母所示的线、面在三视图和轴测图中的位置。

(1)

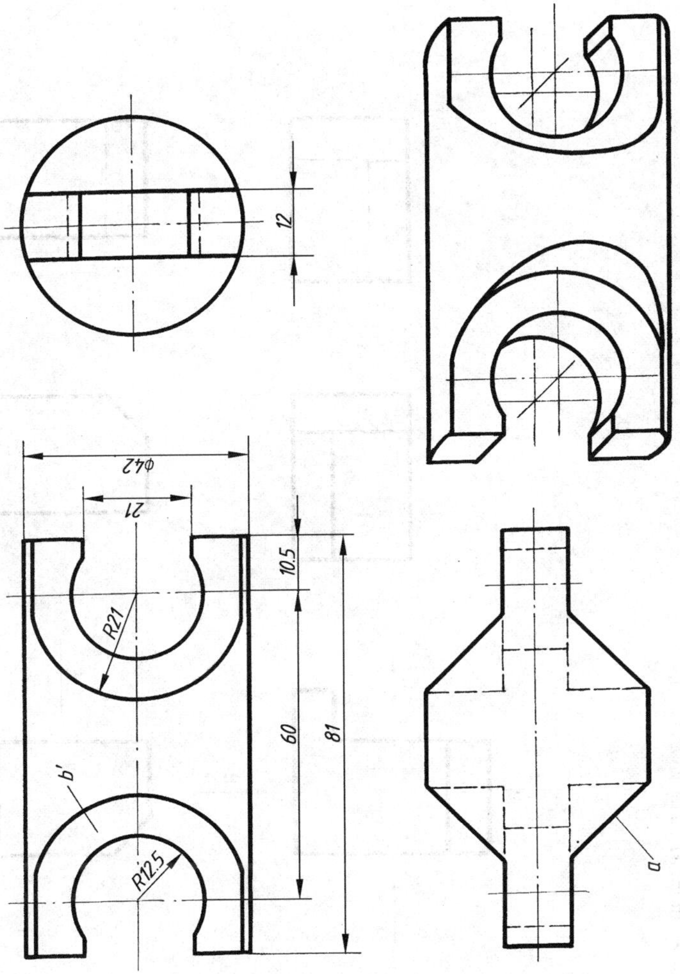

(2)

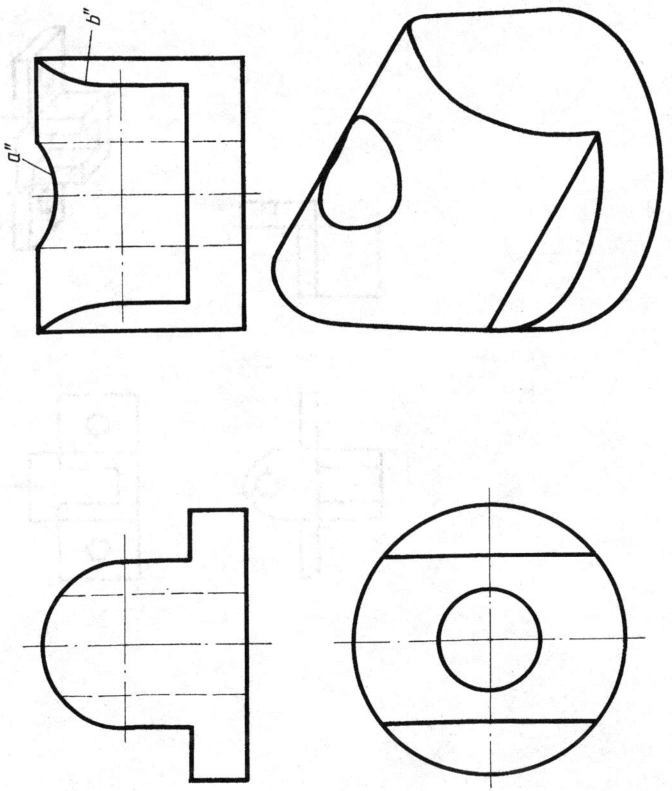

6-1 基本视图和向视图

(1) 画全机件的六面基本视图(虚线省略)。

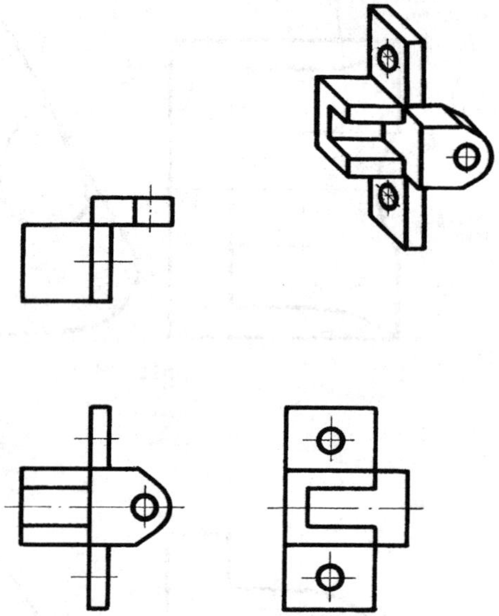

(2) 正确地给各向视图标注图名。

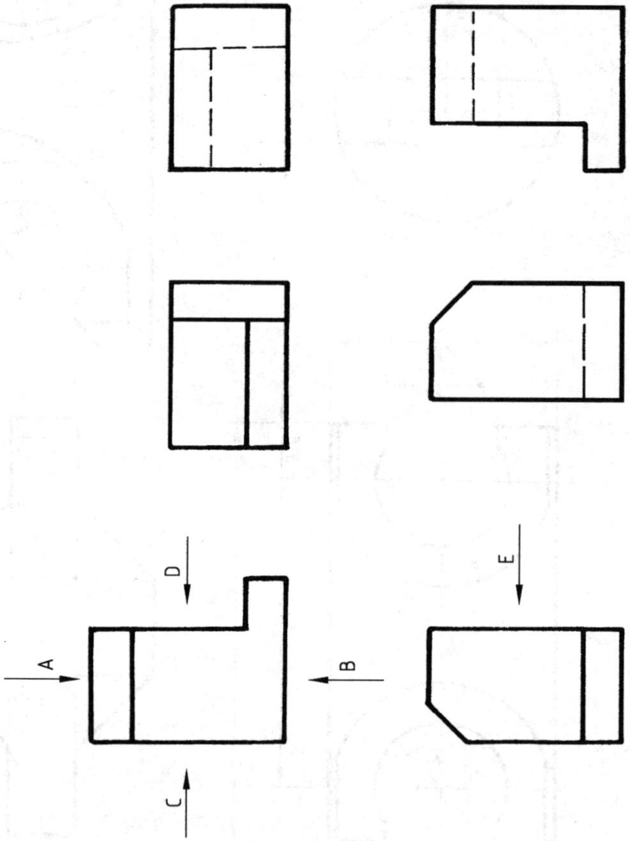

6-2　局部视图和斜视图

班级________ 姓名________

(1) 读懂机件的两视图，并在右边主视图的下方画出机件的 A 向局部视图。

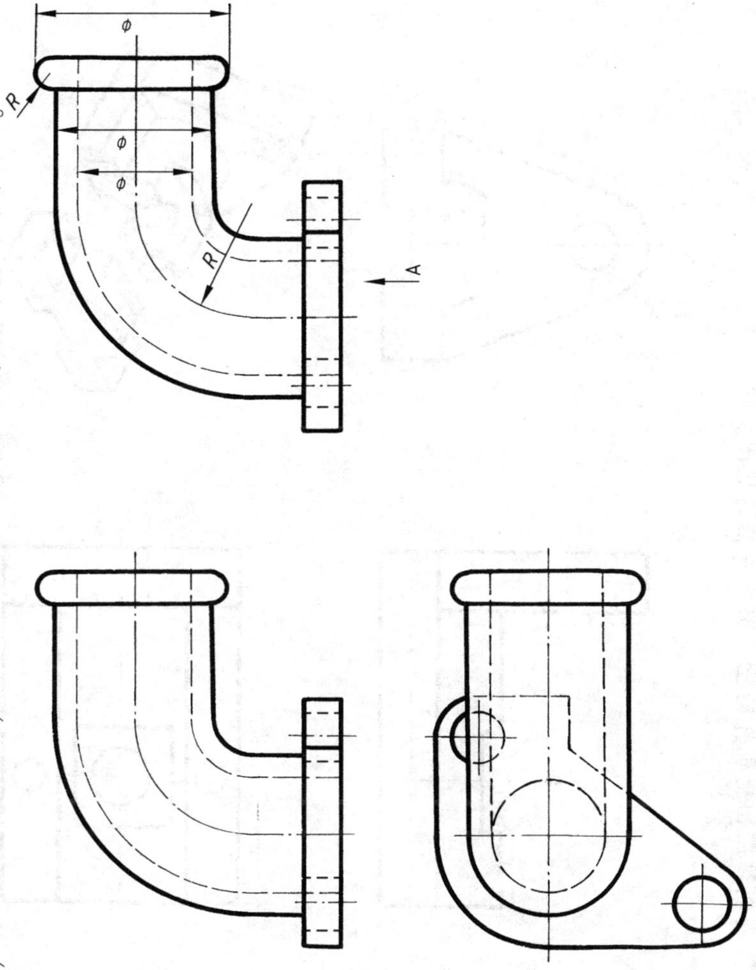

(2) 读懂机件的两视图，并在右边适当位置作出机件的 A 向斜视图。

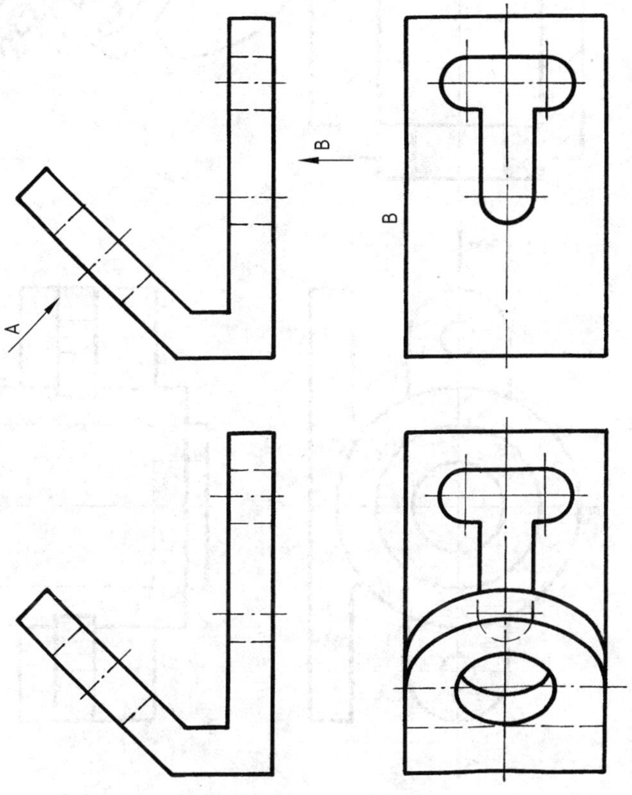

6-3 单一剖切平面的全剖视图(一)

(1) 对照轴测图把机件的俯视图改为 A—A 全剖视图(不要的线打“×”)。

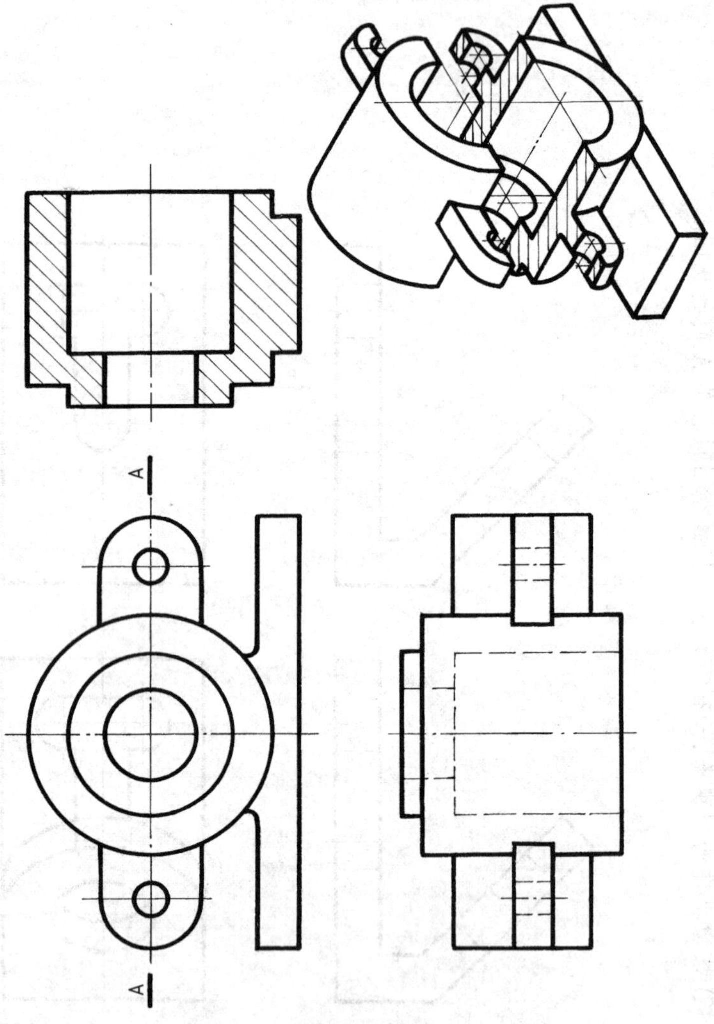

(2) 对照轴测图把机件的左视图改为全剖视图。

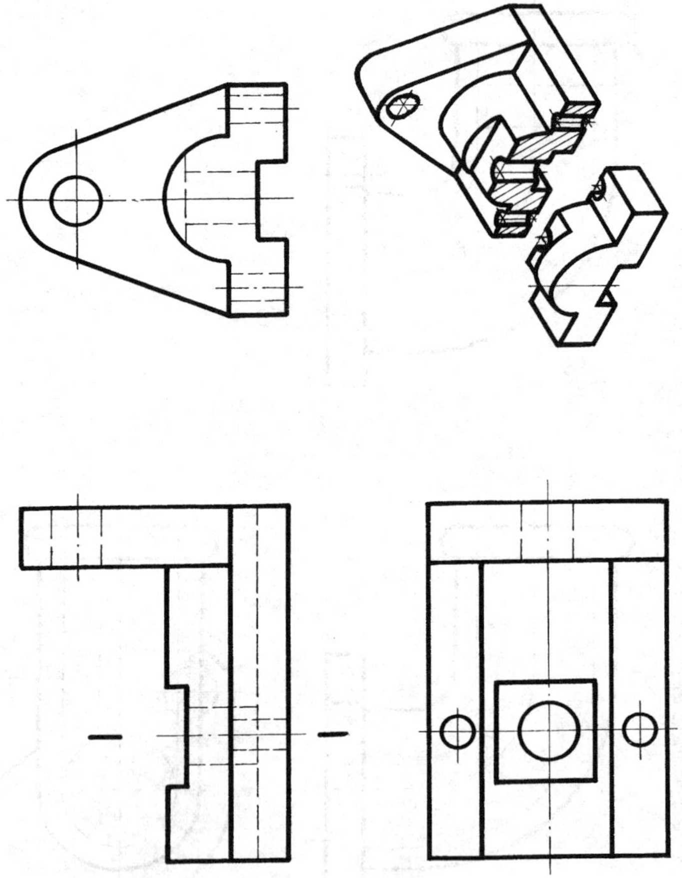

6-4 单一剖切平面的全剖视图(二)

班级________ 姓名________

(1) 对照轴测图把机件的主、左视图改为 A—A,B—B 全剖视图。

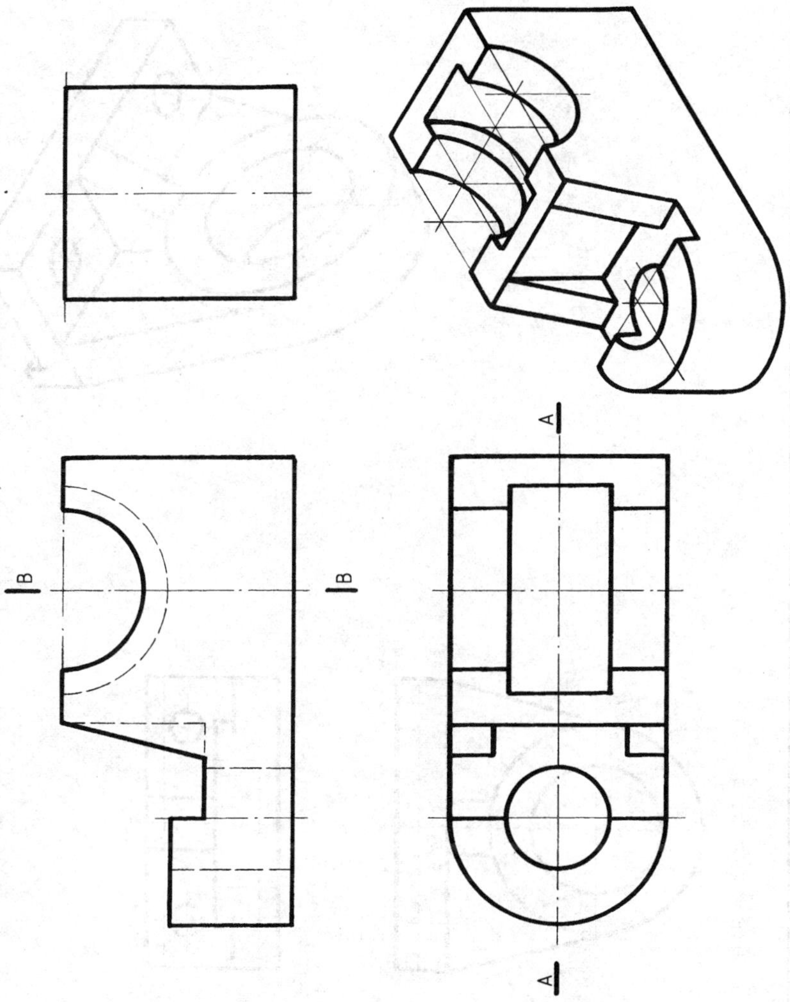

(2) 对照轴测图把机件的主、左视图改为全剖视图。

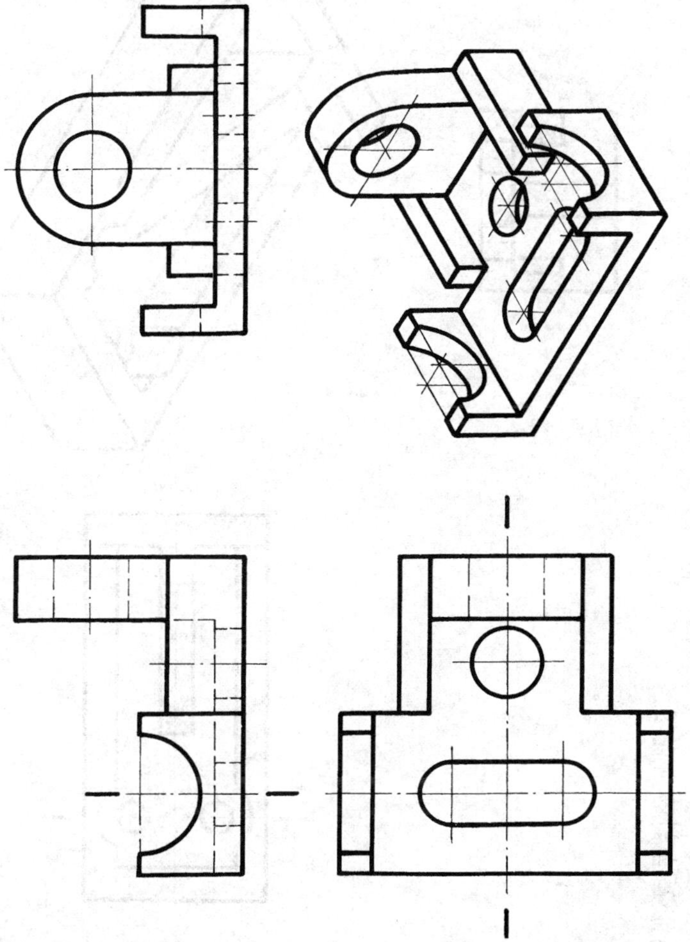

班级 ________ 姓名 ________

(1) 补画全剖的主视图。

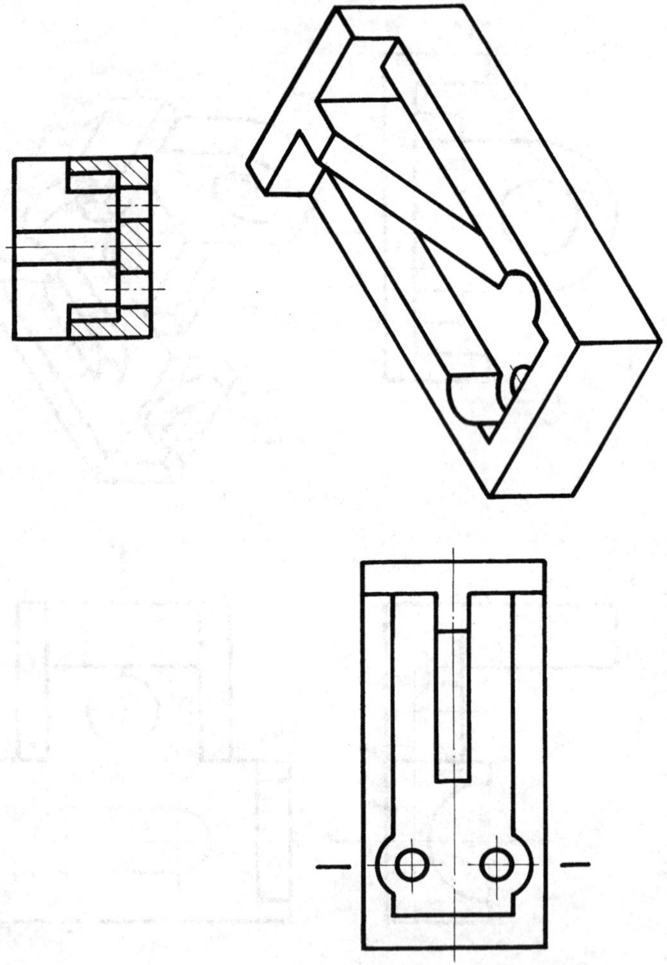

(2) 补画全剖的左视图。

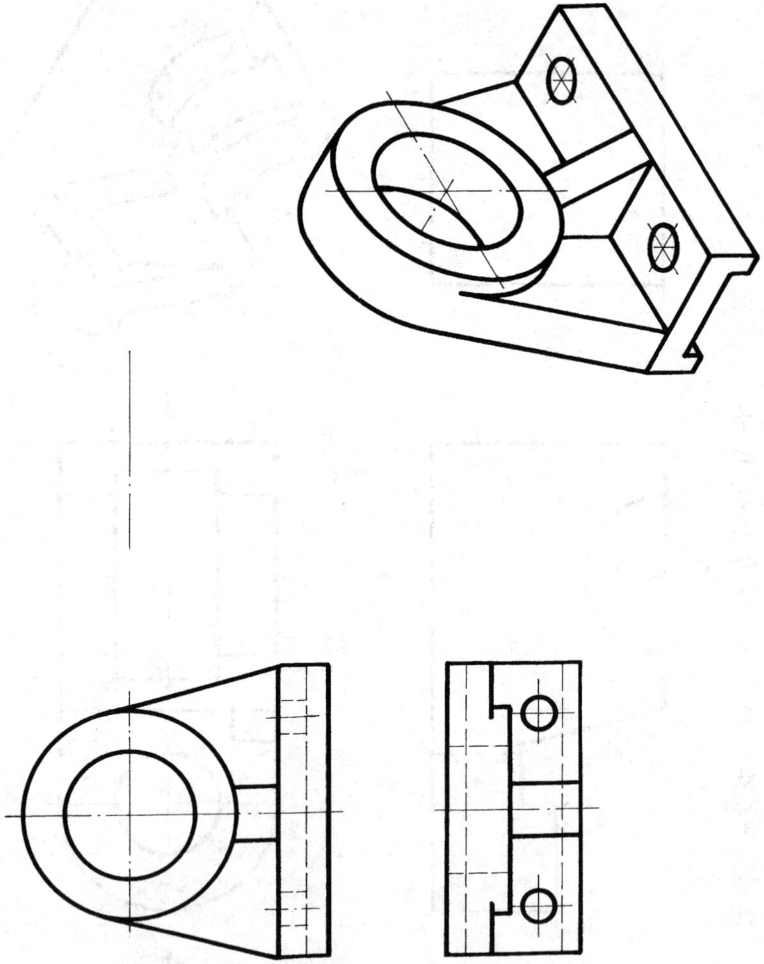

6-6 单一剖切平面的全剖视图(四)

班级 ______ 姓名 ______

把主视图改成全剖视图并画在中间指定的位置上。

(1)

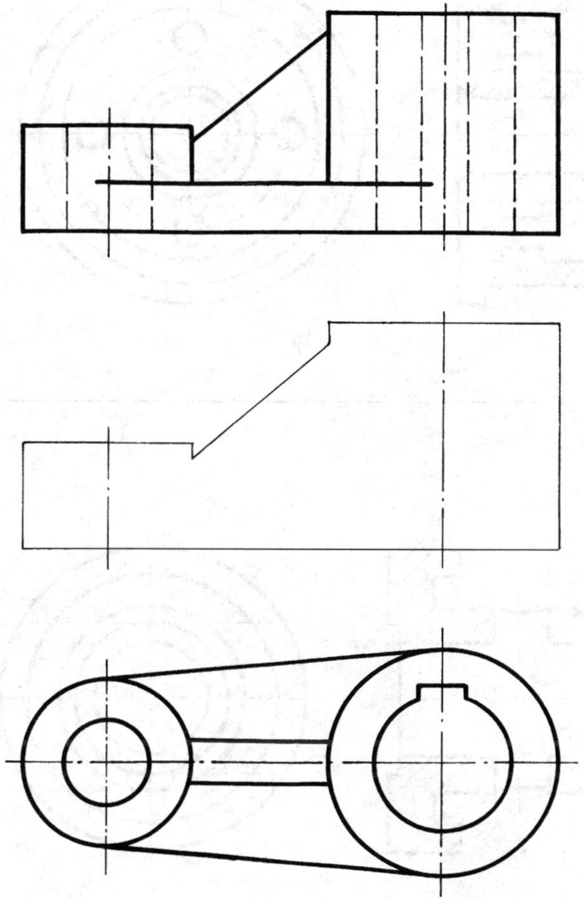

(2)

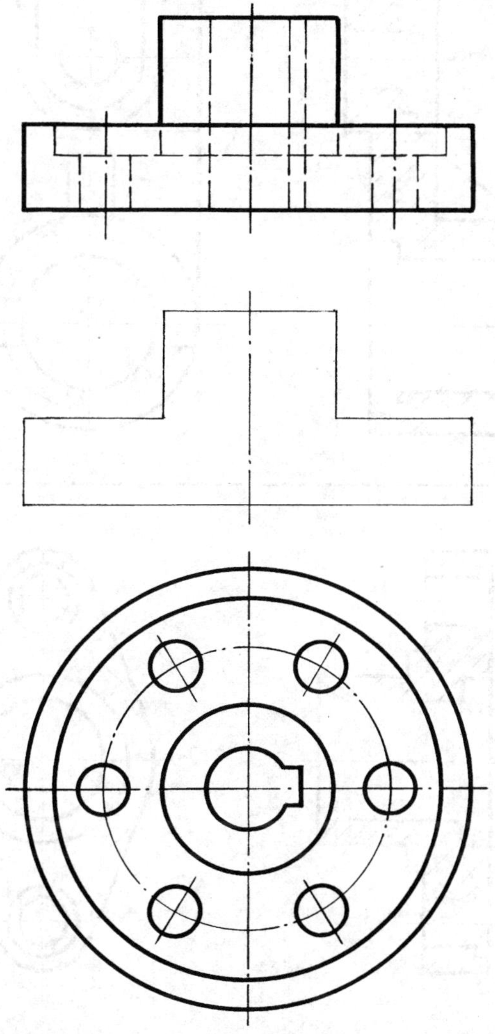

班级________ 姓名________

6-7　单一剖切平面的全剖视图(五)

补画下列剖视图中所缺的线条。

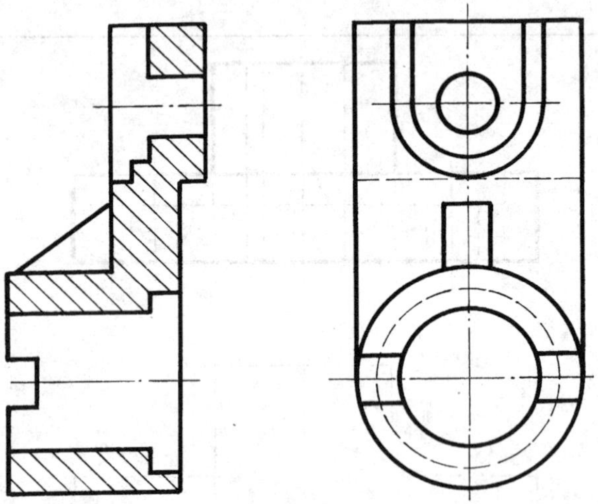

(2)

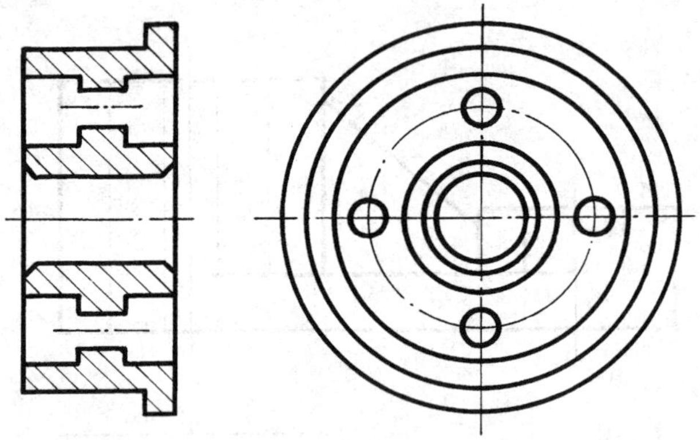

(4)

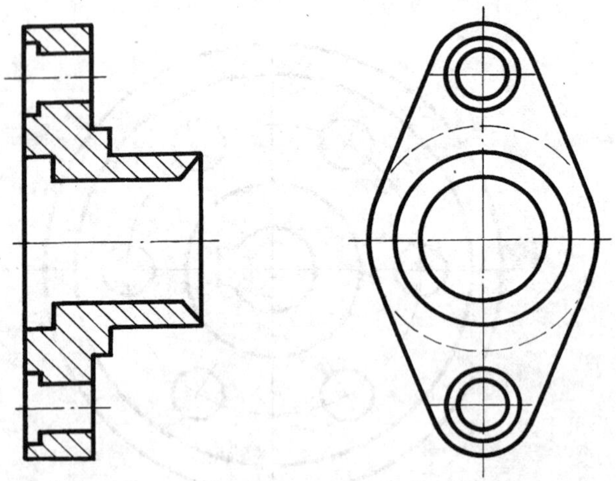

(1)

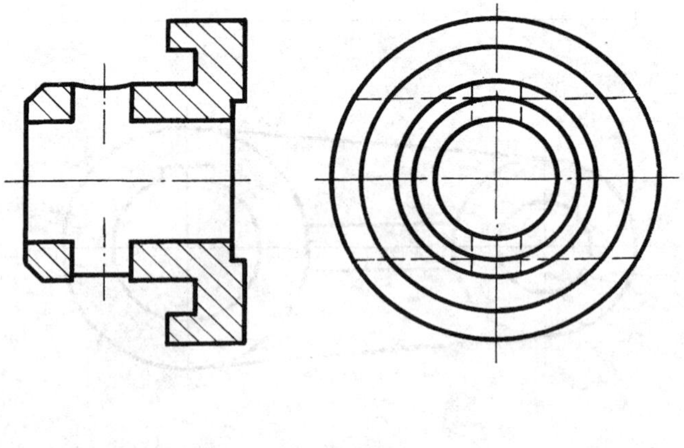

(3)

6-8　由全剖视图补视图

班级________ 姓名________

补画下列物体的俯视图。

(1)

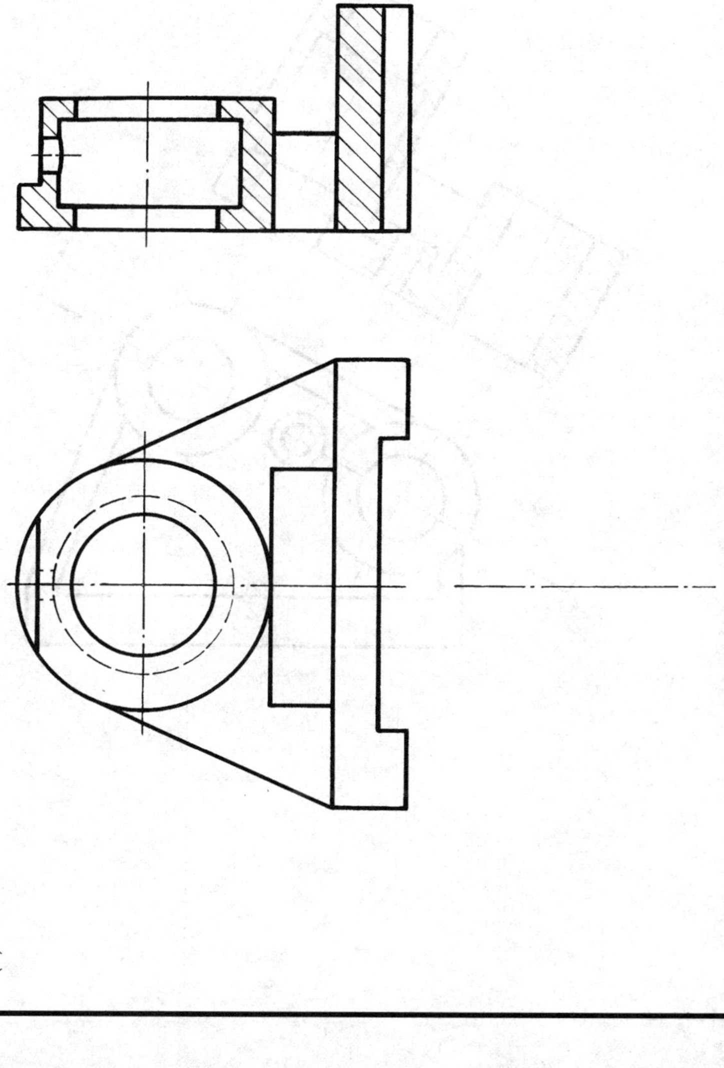

(2)

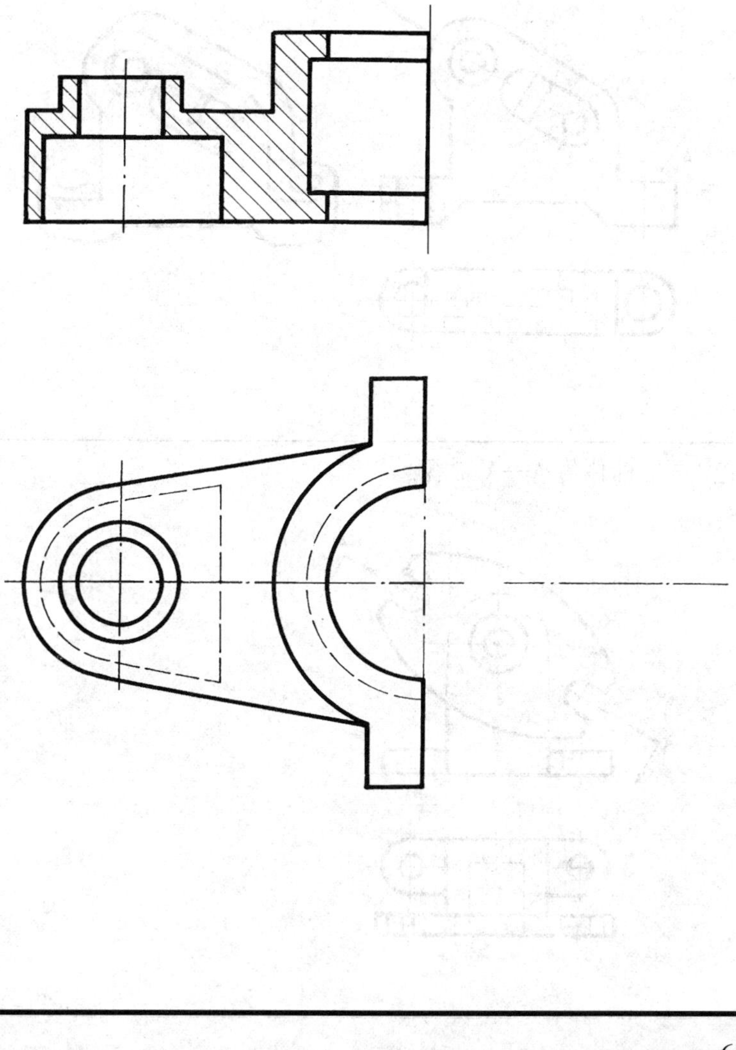

班级 ________ 姓名 ________

6-9 单一斜剖切平面的全剖视图

(1) 作出机件的 A—A 剖视。

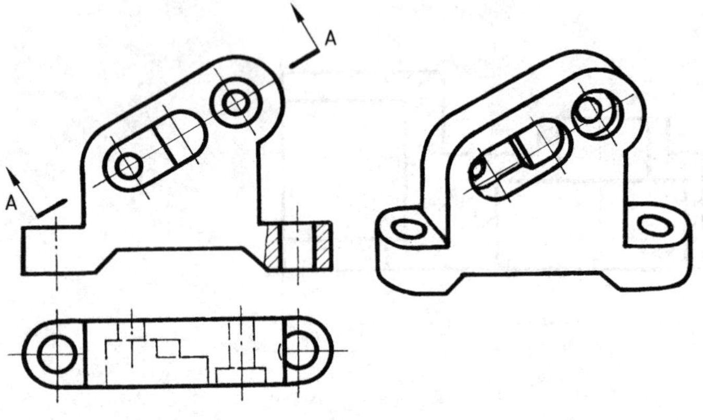

(2) 作出机件的 A—A 剖视。

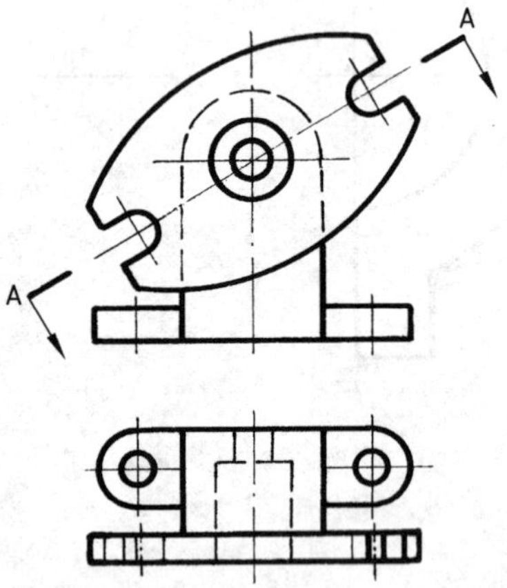

(3) 作出机件的俯视图(虚线省略)。

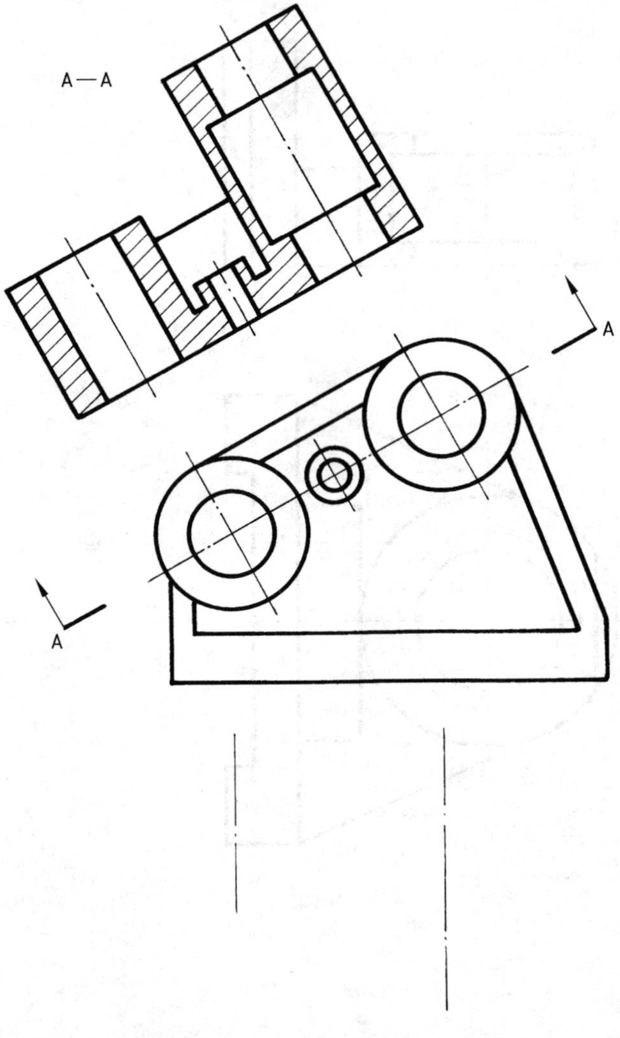

6-10 两个相交剖切平面的全剖视图

班级 ______ 姓名 ______

(1) 采用旋转剖把主视图改为剖视图并画在左方指定的位置上。

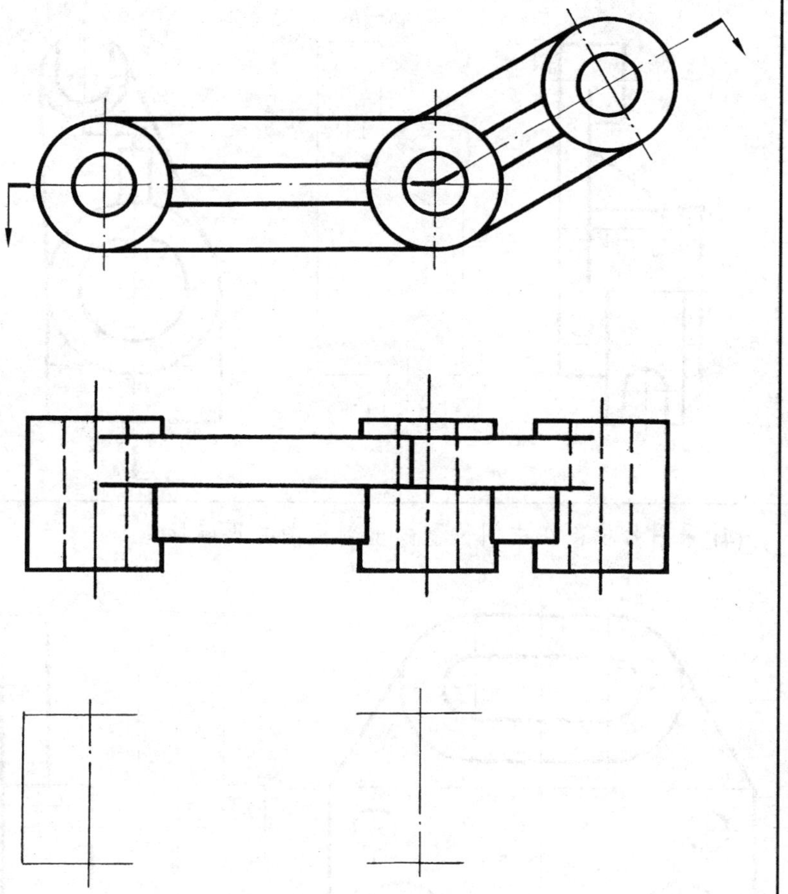

(2) 采用旋转剖把主视图改为剖视图并画在中间指定的位置上。

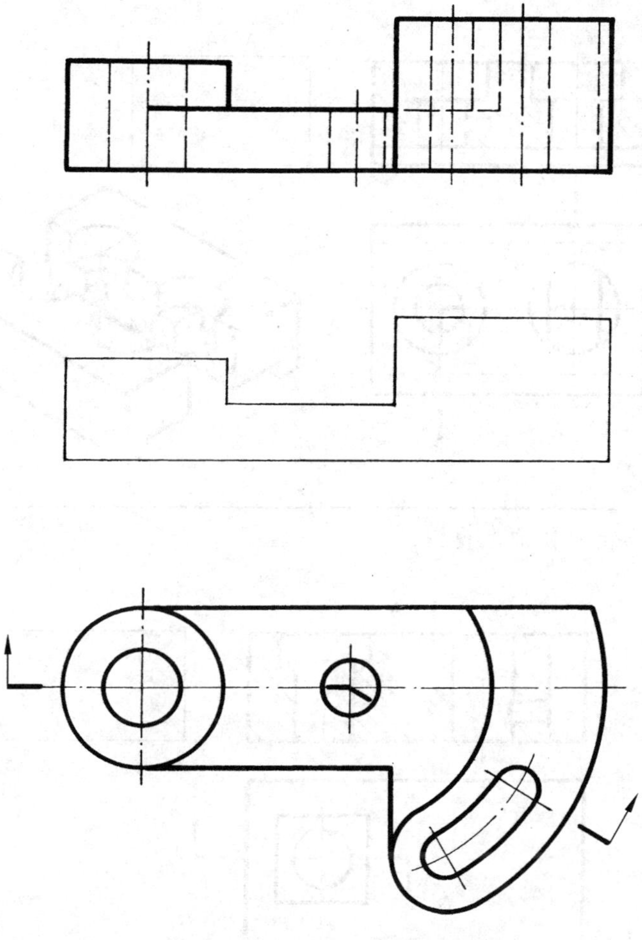

班级 ________ 姓名 ________

6-11 两个平行剖切平面的全剖视图

(1) 将左视图画成 A—A 剖视图。

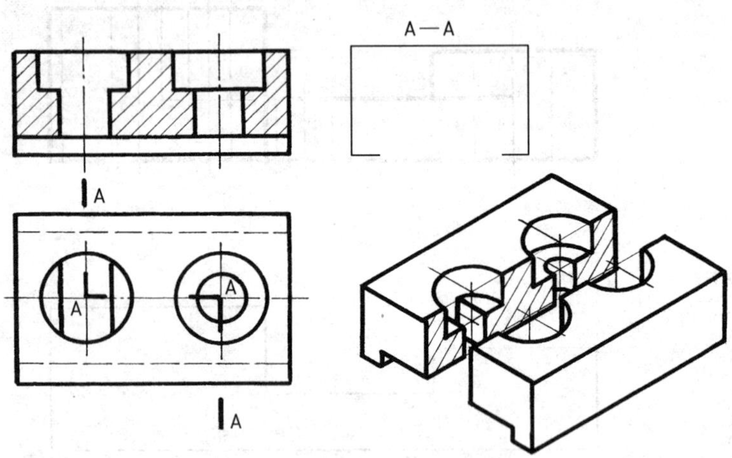

(3) 作出 A—A 剖视图。

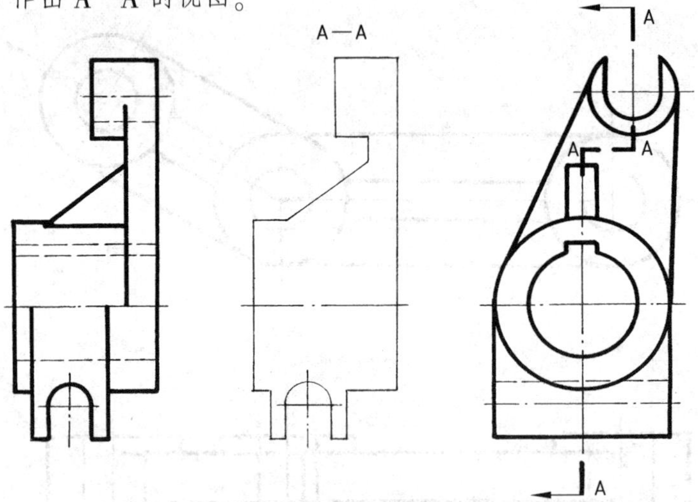

(2) 作出物体的左视图。

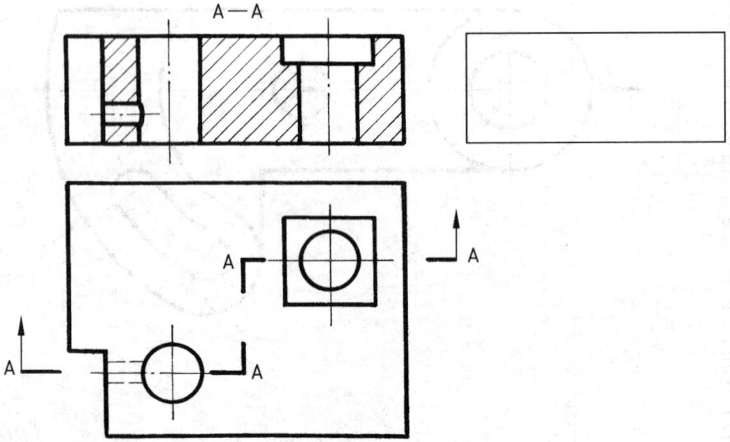

(4) 采用阶梯剖在中间位置画出剖视图并正确标注。

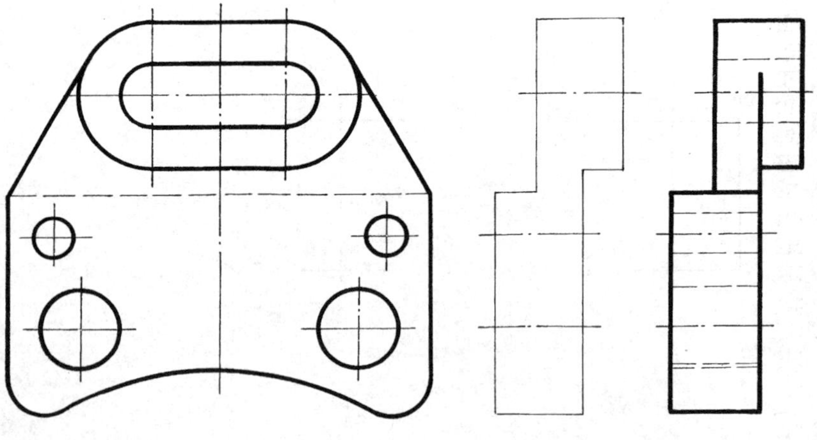

6-12　平行与相交剖切平面组合的全剖视图

班级________ 姓名________

(1) 采用复合剖将左视图改成剖视图并画在中间指定的位置上。

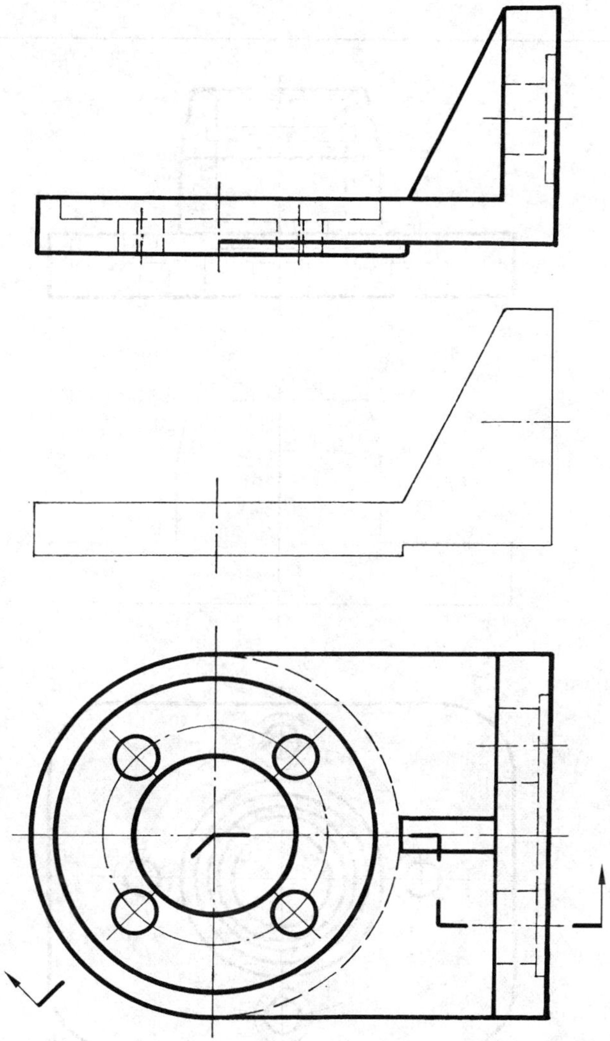

(2) 采用复合剖将主视图改成剖视图并画在中间指定的位置上。

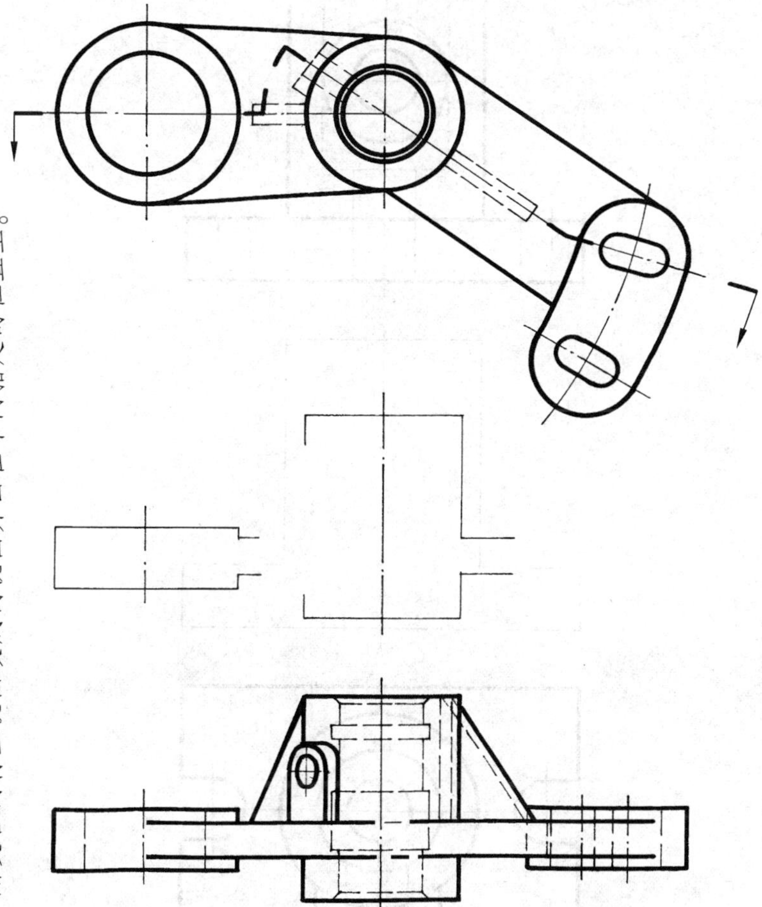

班级______ 姓名______

6-13 半剖视图(一)

把主视图改成半剖视图并画在中间指定的位置上。

(1)

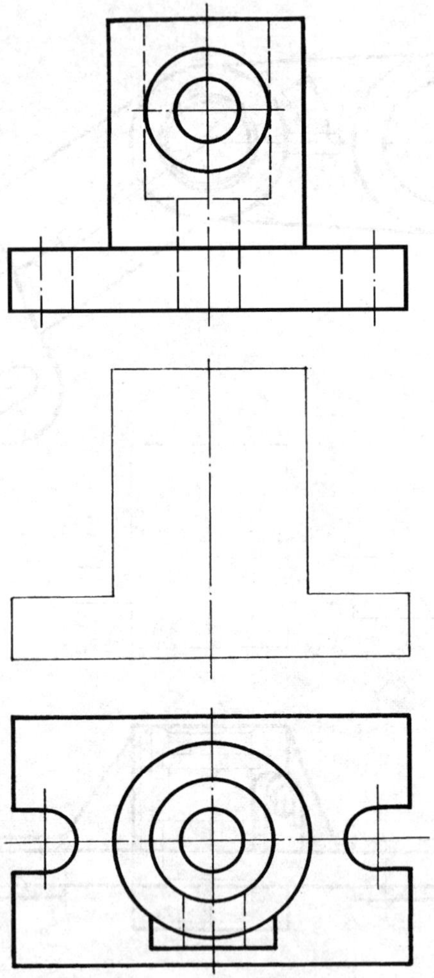

(2)

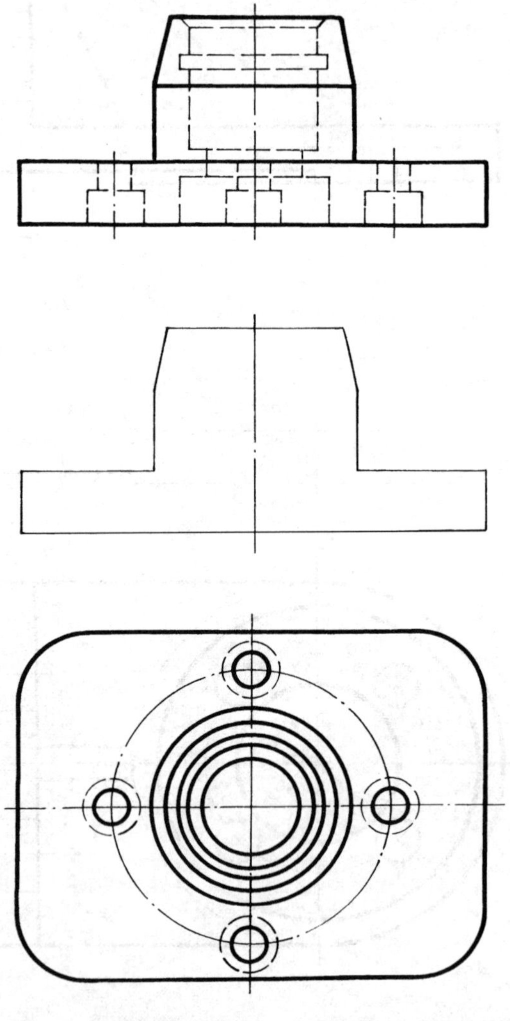

6-14 半剖视图(二)

(1) 对照轴测图和主视图、俯视图两视图，在指定的位置上画出机件的左视图(半剖视)。

(2) 作出左视图(半剖视)。

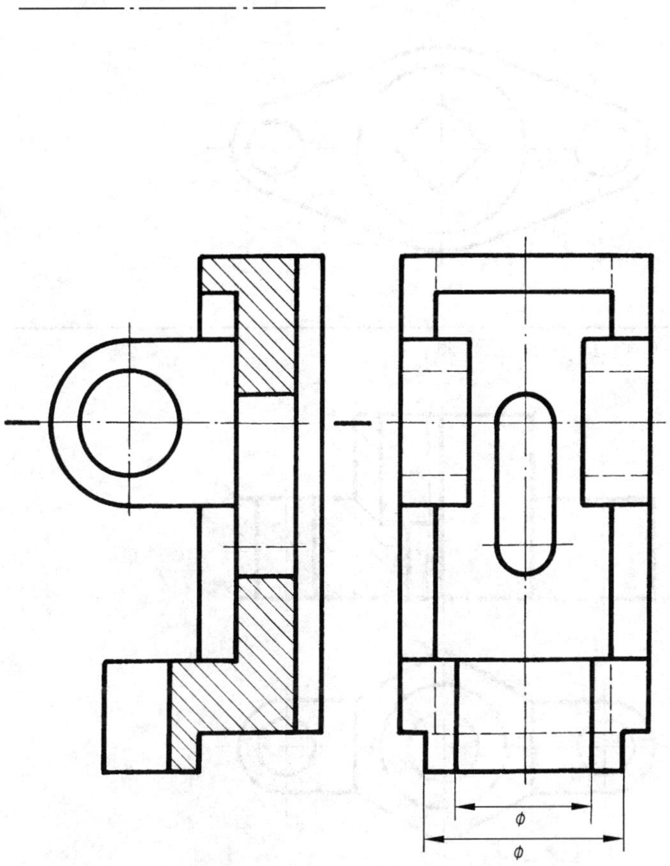

6-15 由局部剖视图补作全剖视图和半剖视图

(1) 作出左视图(全剖视)。

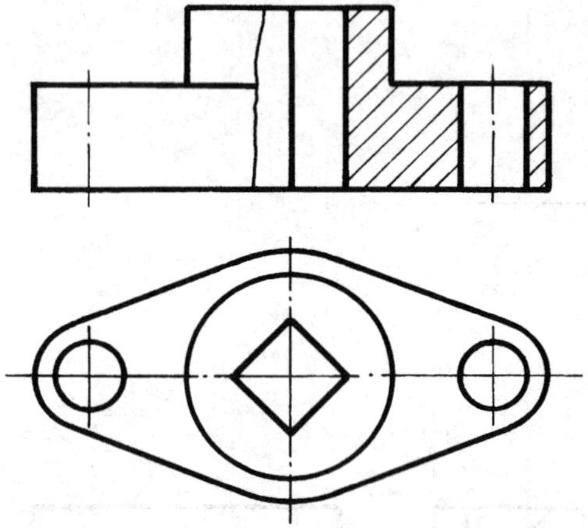

(2) 作出左视图(半剖视)。

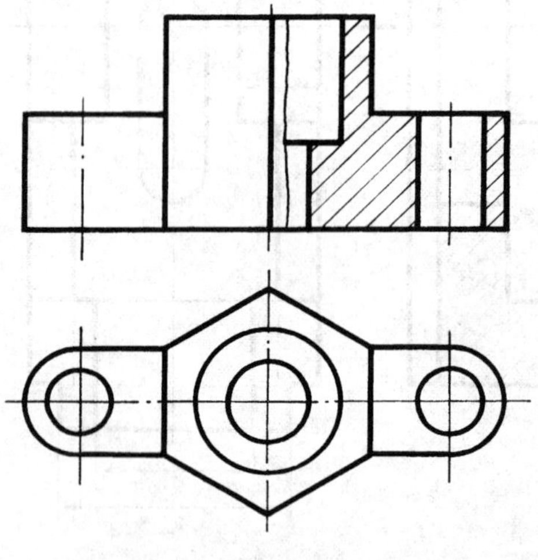

(3) 作出俯视图(全剖视)。

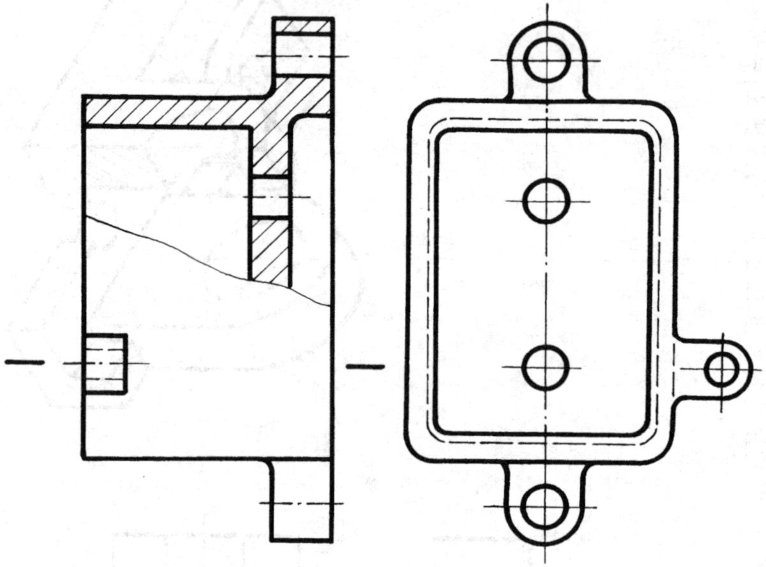

6-16 剖视图标注尺寸

作出左视图(半剖视),并标注尺寸(数值从图上量取,取整数)。

(1)

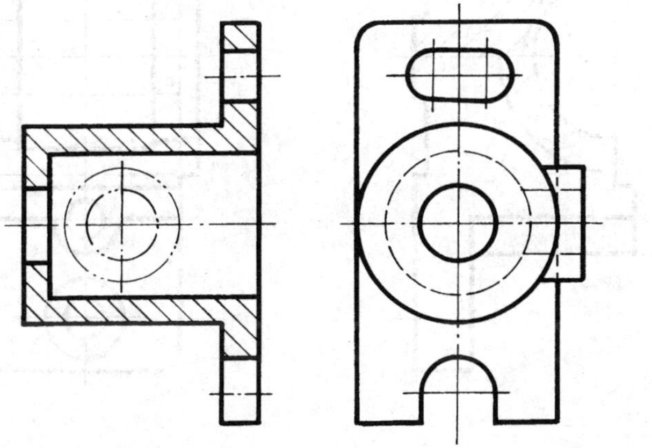

(2)

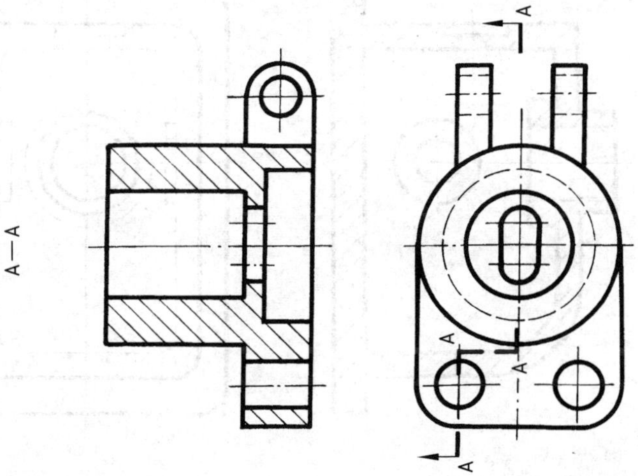

班级________姓名________

6-17　剖视图标注尺寸

作出左视图(半剖视),并标注尺寸(数值从图上量取,取整数)。

(1)

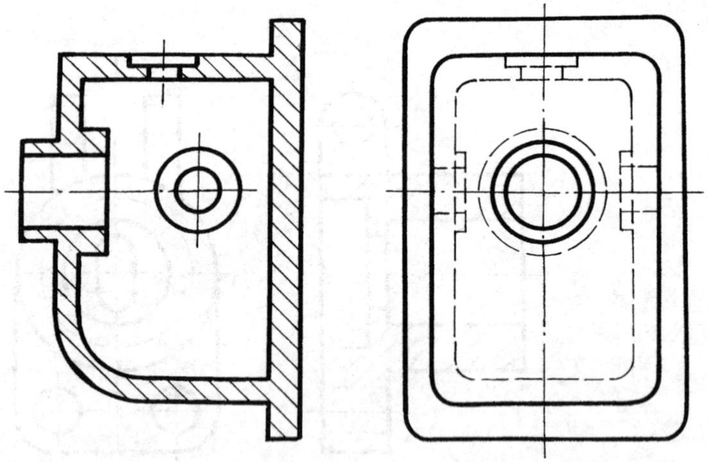

(2)

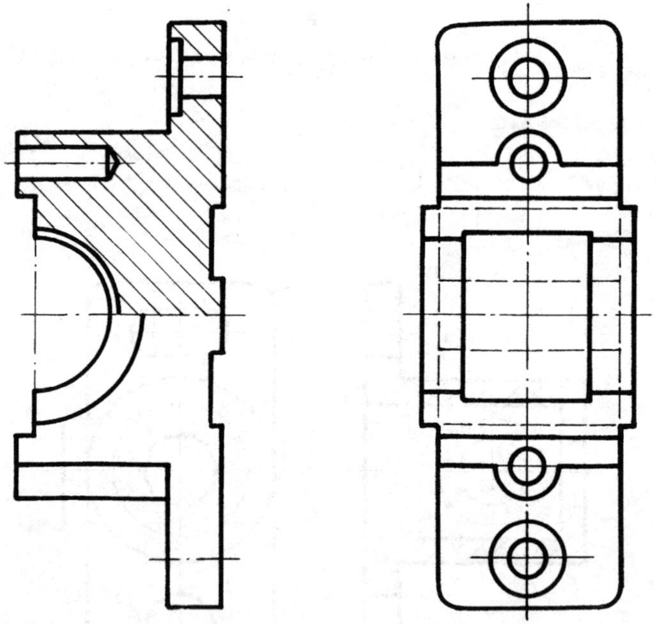

6-18 断面图

(1) 已知轴上有通孔、凹坑和深度为 4 mm 的键槽,作出各指定位置处的移出断面,并正确标注。

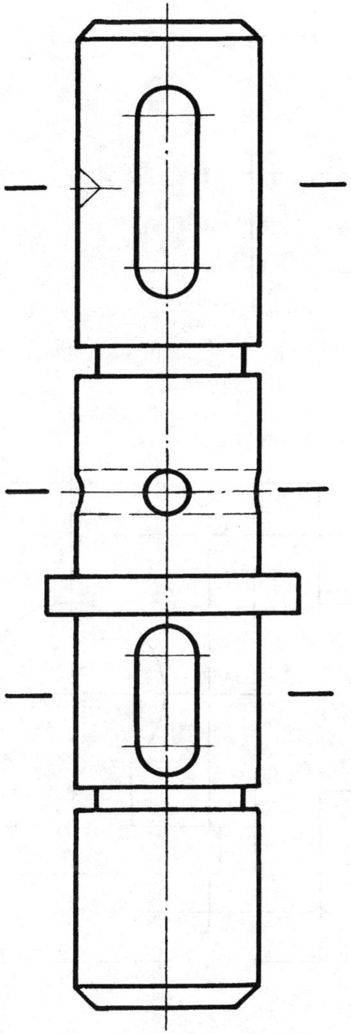

(2) 在适当位置作出下列机件的移出断面,并正确标注。

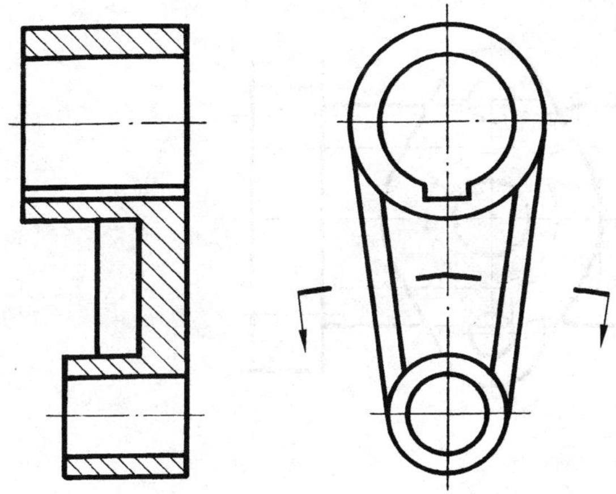

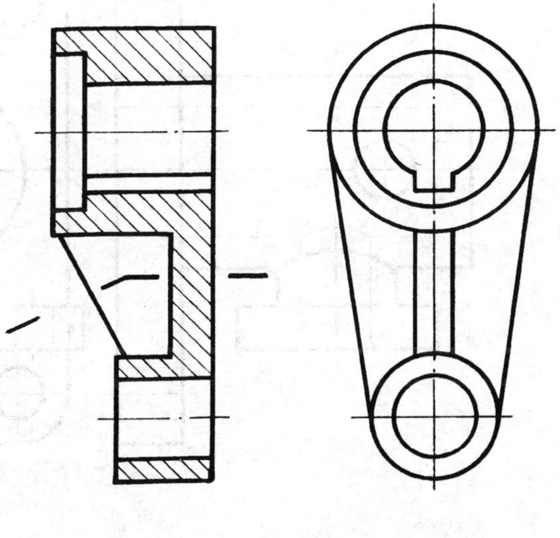

6-19 表达方法综合练习

将机件的三视图改成适当的剖视图并画在下方指定的位置上。

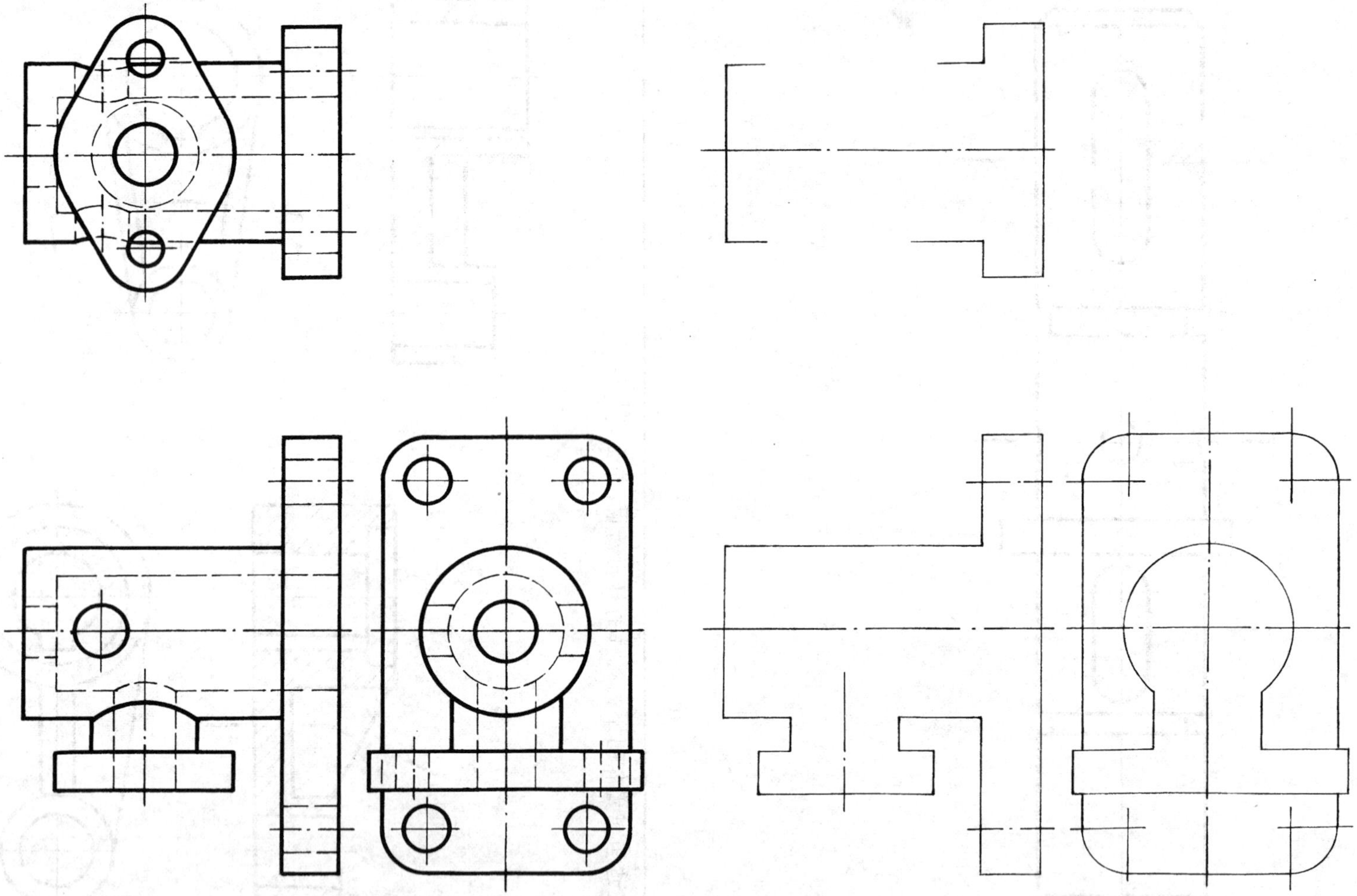

第二次作业　表达方法综合练习

一、目的要求

1. 熟悉视图、剖视、断面、简化画法等各种表达方法。

2. 学习综合运用各种表达方法,并明确地表达机件的形体结构。

3. 熟悉剖视图尺寸标注的方法。

二、内容和格式

本作业有两个分题,可选做一个或两个。要求根据所给的视图,想象出空间形体,然后综合运用各种表达方法明确地表达出该机件的结构,视图数量及表达方式可重新考虑,不受原视图的限制,并要求在视图上标注尺寸。

本作业采用A3图纸,图名为“剖视图”,图号为03,比例为1:1。

三、绘图步骤与注意事项

1. 先画图框线和标题栏,然后按考虑好的视图表达方案,定出各视图的中心线或作图用的基准线。

2. 按事先考虑的剖切方案画各视图。画剖视图的稿线时,应把无用的虚线或已剖去的外形轮廓线省去不画,以节省时间和保持图面整洁。

3. 半剖视图应以对称中心线为界, 局部剖视图以波浪线为界,并注意该剖视图的标注是否可省略。

4. 标注尺寸。初学阶段应先打好底稿,要求尺寸完整、清晰,不重复、不遗漏,尺寸线布置要均匀,半剖视图中因一侧省略虚线而无法画出箭头时,应将尺寸线略超过中心线。

5. 底稿经检查无误后,应按正确步骤依次加深各类线条,并做到线型分明,符合制图国家标准。

6. 最后书写字体。尺寸数字全部用3.5号字体,汉字应写成长仿宋体。要求字体端正、笔画清楚、排列整齐、间隔均匀。

6-21 表达方法综合作业

班级 ________ 姓名 ________

选用适当的表达方法在 A3 图纸上以 1:1 的比例画出下列物体的视图并标注尺寸。

(1)

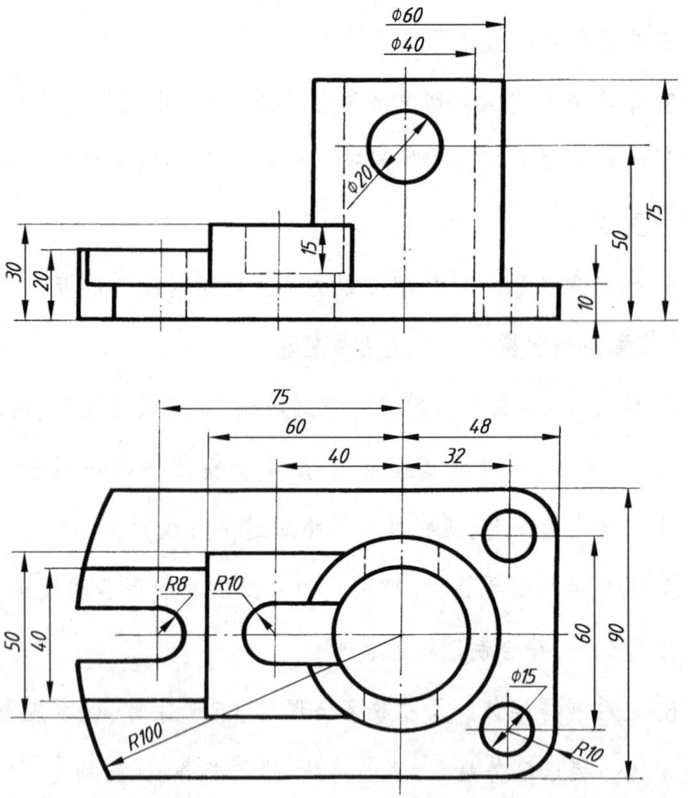

(2)

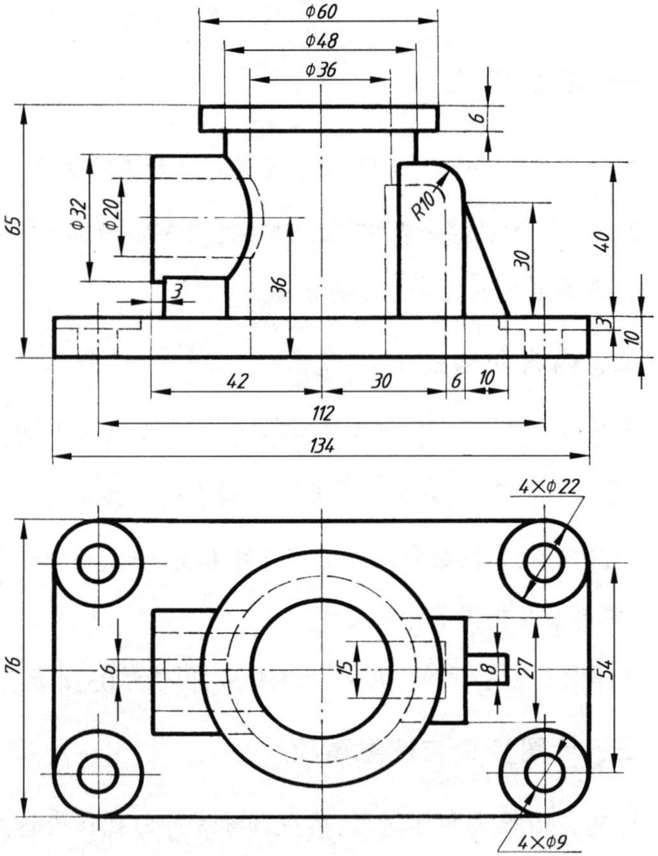

7-1 螺　纹

班级 ________ 姓名 ________

将下列题中正确答案的序号填入括弧内。

1. 螺纹的基本要素是 (　　)

(1) 牙型、小径、导程；　(2) 螺距、线数、导向；

(3) 牙型、大径、螺距；　(4) 大径、小径、螺距。

2. 当双线内、外螺纹配合时，如外螺纹相对于内螺纹旋转一圈，则外螺纹沿轴向移动的距离为 (　　)

(1) 一个导程；　(2) 两个导程；

(3) 半个导程；　(4) 一个螺距。

3. 非标准螺纹的定义为 (　　)

(1) 牙型标准，但大径不标准；(2) 牙型标准，大径、螺距均不标准；

(3) 牙型不标准的一切螺纹；(4) 大径不标准的一切螺纹。

4. 特殊螺纹与标准螺纹的区别在于 (　　)

(1) 画法、寸法均不相同；　(2) 画法、寸法均相同；

(3) 画法相同、寸法不同；　(4) 寸法相同，画法不同。

5. 用螺纹密封的管螺纹计有 (　　)

(1) 只圆锥外螺纹一种；(2) 只圆锥内螺纹一种；

(3) 只圆柱内螺纹一种；　(4) 上述三种，其特征代号分别为 R, Rc, R_P。

6. 标注粗牙普通螺纹时应 (　　)

(1) 同时标注大径及螺距；　(2) 标代号、大径及螺距；

(3) 只标大径；　(4) 标代号、大径。

7. Tr22×10(P5) 表示 (　　)

(1) 大径为 22，螺距为 5 的锯齿形螺纹；

(2) 大径为 22，双线、螺距为 5 的梯形螺纹；

(3) 大径为 22，双线、螺距为 10 的锯齿形螺纹；

(4) 大径为 22，双线、导程为 10 的梯形螺纹。

8. 可见外螺纹的大、小径画法应为 (　　)

(1) 大径、小径均画粗线；　(2) 大径、小径均画细线；

(3) 大径细线，小径粗线；　(4) 大径粗线，小径细线。

9. 内、外螺纹相配时必须 (　　)

(1) 大径、小径均相同；　(2) 大径、小径、螺距、导程均相同；

(3) 大径、小径、螺距均同；　(4) 一切要素均相同。

10. M20-6H-S 中的 S 表示 (　　)

(1) 公差带；　(2) 左旋；

(3) 双线；　(4) 旋合长度。

11. 不可见螺孔的画法应为 (　　)

(1) 大、小径均画虚线；　(2) 大径虚线，小径细线；

(3) 大、小径均画细线；　(4) 大径细线，小径虚线。

12. 内、外螺纹连接时，其连接部分应按 (　　)

(1) 内螺纹画；　(2) 外螺纹画；

(3) 内、外螺纹各半画；　(4) 剖出的牙型画。

7-2 螺 纹

班级 ________ 姓名 ________

根据所给数据，标注下列图中各螺纹的尺寸。

(1) 粗牙普通螺纹大径 24，螺距 3，单线，右旋，螺纹公差带中径 5 g，顶径 6 g，短旋合长度。

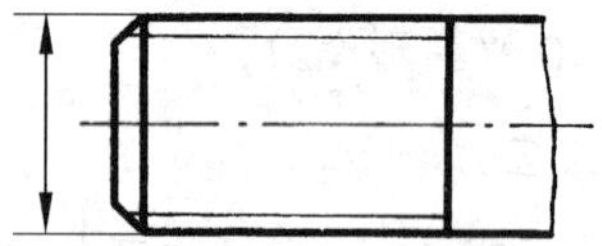

(2) 梯形螺纹，公称直径 20，双线，螺距 5，左旋。

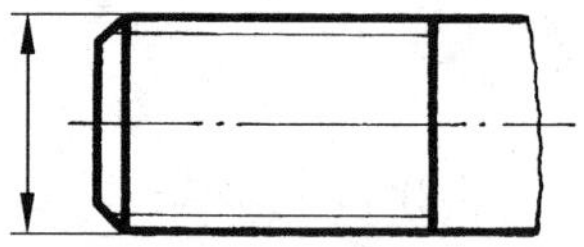

(3) 方牙螺纹大径 30，小径 24，螺距 6，牙厚3。

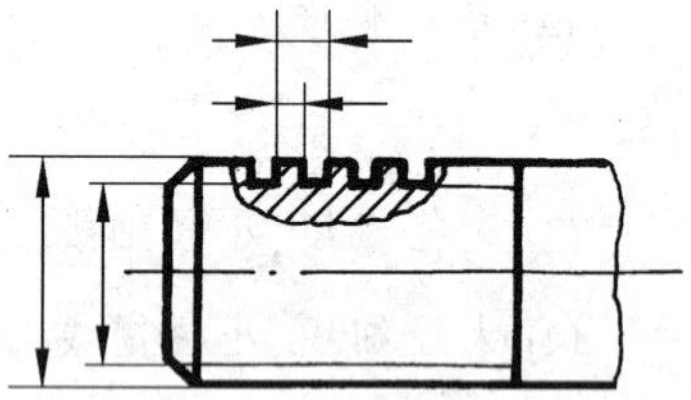

(4) 非螺纹密封的管螺纹，公称直径 $\frac{3}{4}$ 英寸，公差等级为 A 级，左旋。

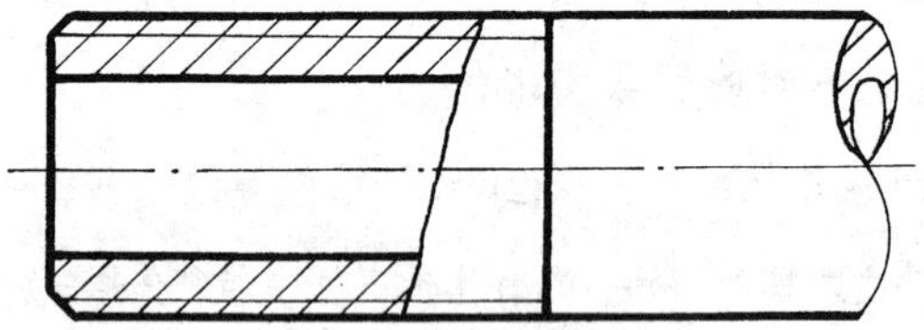

班级 ______ 姓名 ______

圈出下列螺纹及螺纹连接画法中的错误,并将正确的画法画在旁边。

(1)

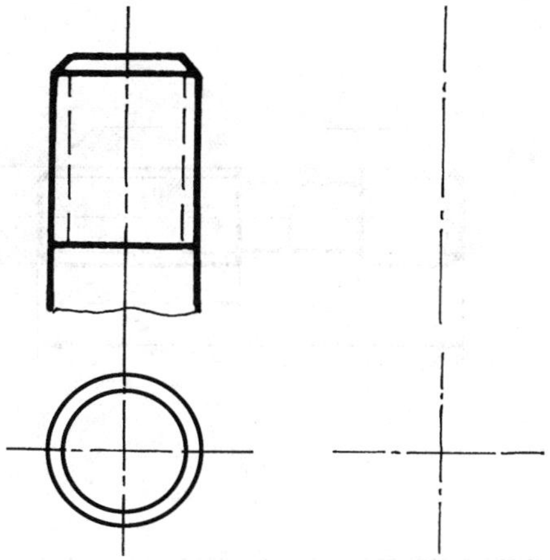

(2)

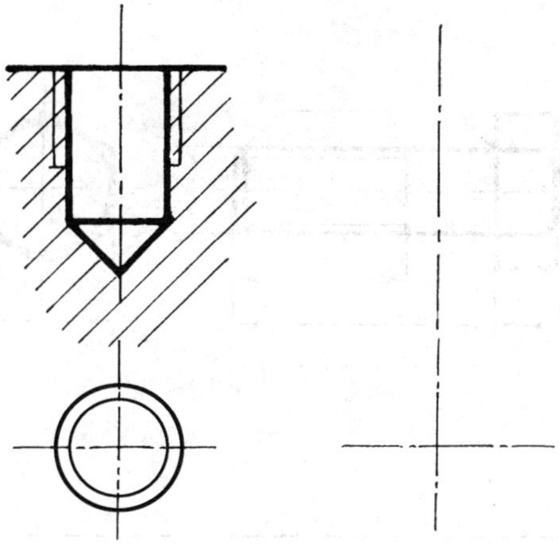

(3)

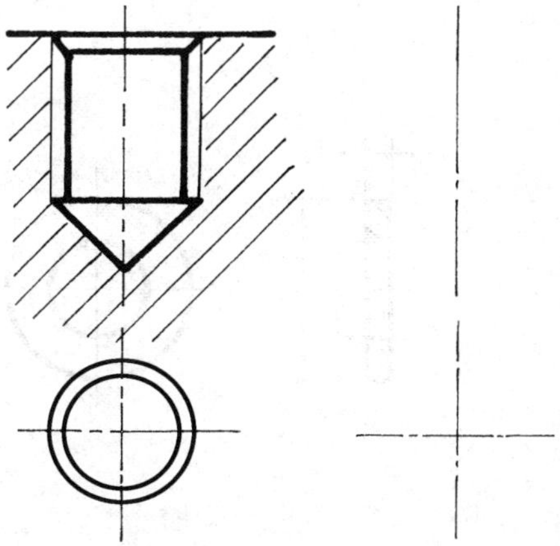

(4)

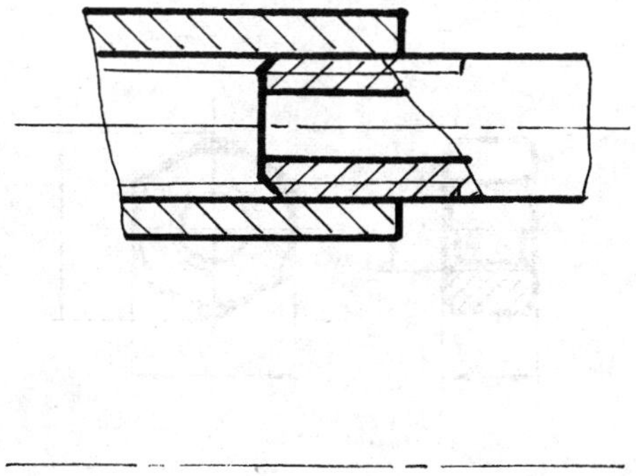

班级________姓名________

7-4　螺纹紧固件

根据下列各图中螺纹紧固件的标记，查表后将它们的尺寸分别注在图上。

(1) 螺栓 GB/T 5780—2000　M10×40

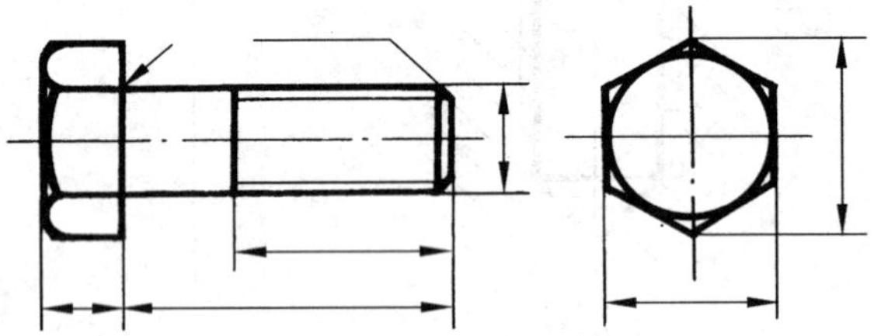

(2) 螺柱 GB/T 897—1988　M12×45(按 B 型制造)

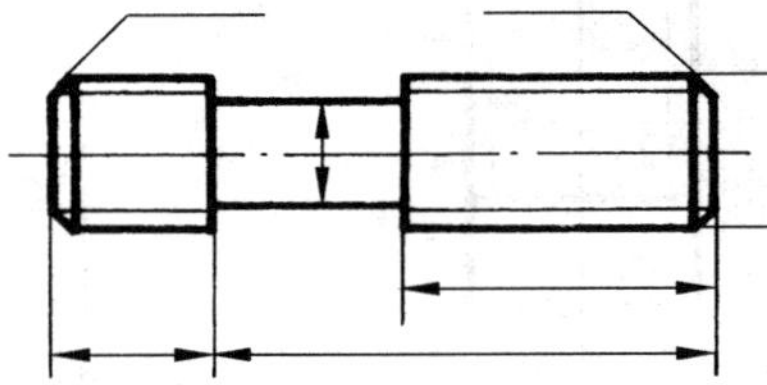

(3) 螺母 GB/T 6170—2000　M16

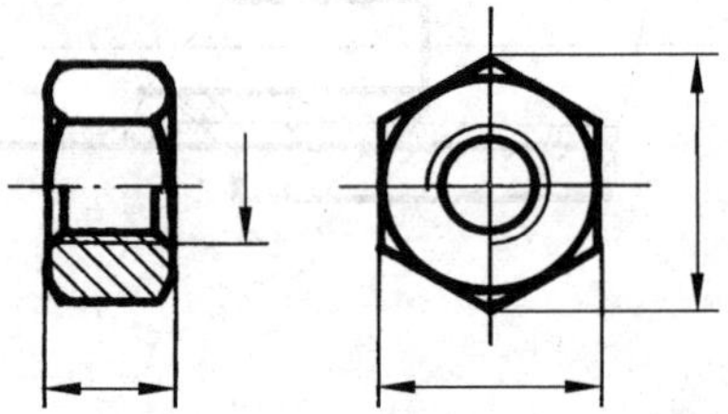

(4) 垫圈 GB/T 97.1—2000　16—140HV 级

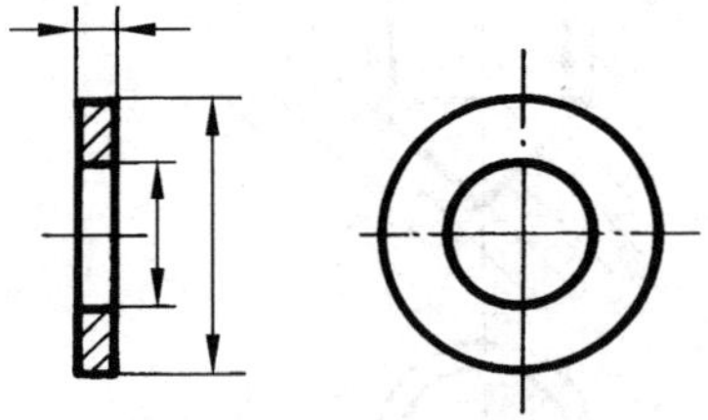

班级 ________ 姓名 ________

第三次作业　六角头螺栓连接

一、目的要求

熟悉常用螺纹紧固件,特别是六角头螺栓的比例画法。

二、内容和格式

选用 A4 纸竖放, 根据所给数据作出六角头螺栓连接的三视图。已知被连接的上板厚 20mm,下板厚 25mm,板宽 50mm,长度任意可在两端折断,连接用的紧固件为:螺栓 GB/T 5782—2000 M16×*L*, 螺母 GB/T 6170—2000 M16 及垫圈 GB/T 97.1—2000 16—140 HV 级。

本作业图名为“螺栓连接”,图号 04,比例为 1:1。

三、绘图步骤与注意事项

1. 按标准 A4 纸画图框线及标题栏。

2. 利用比例画法中的比例关系,算出螺栓、螺母、垫圈等的全部尺寸。

3. 根据教材中的公式算出螺栓长度 *L* 并查表取最接近的标准长。

4. 用比例画法,绘制螺栓连接的三视图,其中主视图全剖(按规定螺栓等均作不剖处理),左、俯视图均不剖。

5. 主视图剖后,上、下板的剖面线方向应画成相反,以表示出两个不同的被连接件。

6. 板上螺栓通孔按比例画法确定,孔与螺栓间的间隙必须画出。

7. 在间隙中表示上、下板接触面的线及螺栓头部与螺母顶上 30°的倒角线均应画清楚。

8. 尺寸只注板厚、板宽、螺栓大径、长度及螺栓上螺纹部分之长即可。

9. 本作业实际上为五件连接的一小装配图。由于作业的重点为六角头螺栓的比例画法,故零件编号及零件明细栏均从略,留待画装配图时再行补充。

7-6 键和键槽

已知轴和齿轮中的轴孔直径均为 $\phi34$，请配用键将它们连接，要求：

1. 根据 $\phi34$ 分别查出该轴及齿轮轴孔的键槽尺寸(不计宽、深的极限偏差)。
2. 用 1:2 的比例补画出轴上及其断面中的键槽，并在断面中标键槽尺寸。
3. 用 1:2 的比例补画出齿轮轴孔以及轴孔局部视图中的键槽，并在其上标注键槽尺寸。
4. 在连接图中，用 1:2 的比例配入键 10×8×40 GB/T1095—2003，并补全它们的投影与断面图。

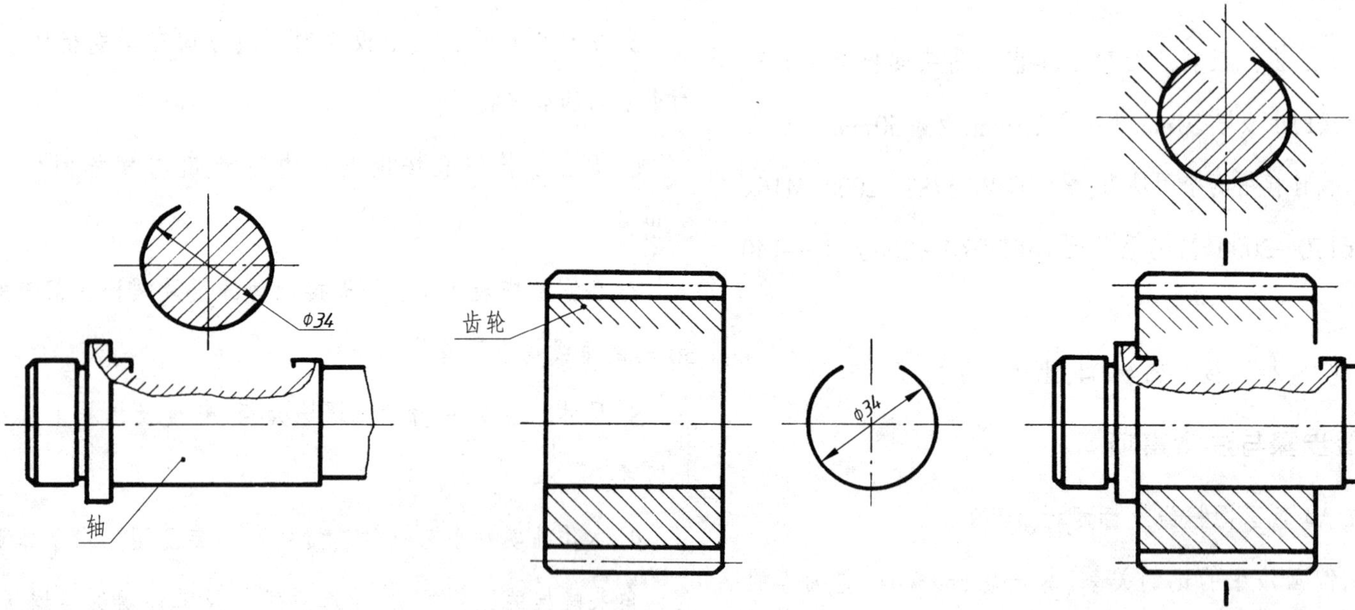

7-7　齿　轮

已知一平板形直齿圆柱齿轮的 $m=2$, $z=20$ GB/T 4459.2—2003，要求：(1) 列出计算公式，填写算出的 d_a, d 及 d_f 数据；(2) 补全齿轮的两视图；(3) 补全齿轮及键槽尺寸。

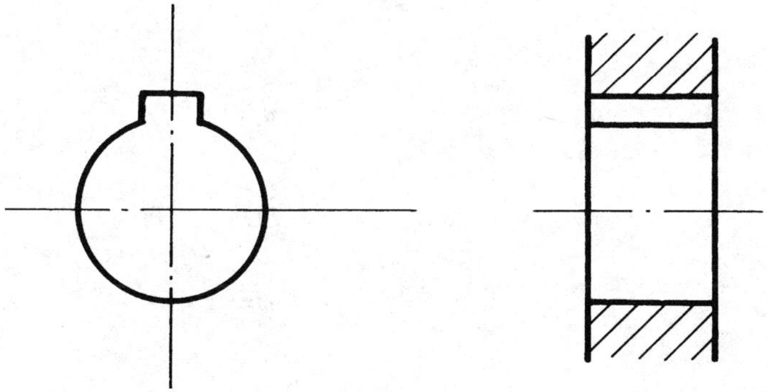

班级 ________ 姓名 ______

7-8 齿 轮

一对啮合的平板直齿圆柱齿轮，其中心距 a=60，轮宽均为 18，主动轮 z_1=18，从动轮 z_2=22。主动轮轴孔直径 ϕ20，从动轮轴孔直径 ϕ25，要求：(1) 列出计算公式，并填入计算所得数据；(2) 用 1:1 的比例绘出此啮合齿轮的啮合图(键槽尺寸根据轴孔直径查表得出)。

d_{a_1}=

d_1=

d_{f_1}=

d_{a_2}=

d_2=

d_{f_2}=

m=

z_1=

z_2=

7-9 滚动轴承

在下列阶梯轴的轴颈 ϕ25m6 及 ϕ15m6 处分别装有两深沟球轴承 GB/T 276—1994，要求用简化画法和 1:1 的比例画全此两轴承。

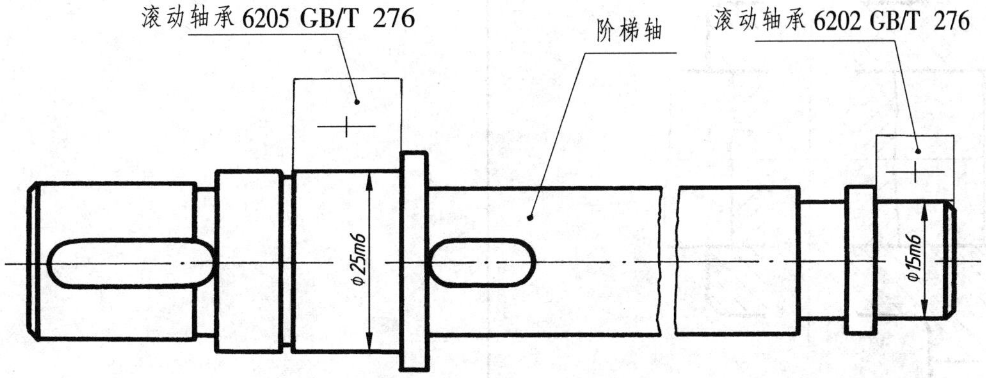

7-10 销、弹簧

已知齿轮和轴用销 GB/T 117 5×24 相连，查表后用 2:1 的比例画全销连接图。

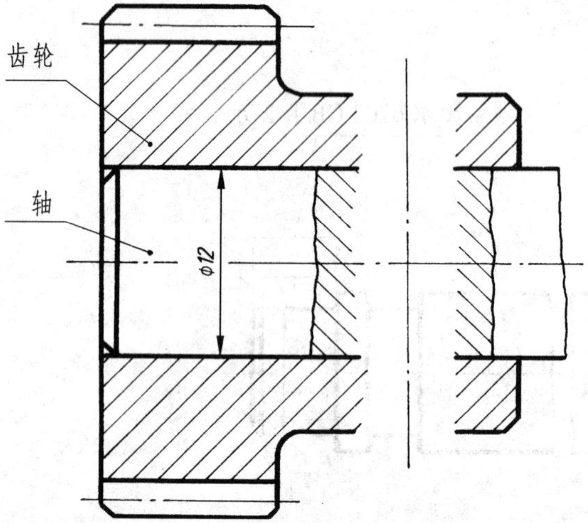

已知圆柱螺旋压缩弹簧(GB/T 4459.4—2003)的簧丝直径 d=5 mm，外径 ϕ90，节距 t=12，有效圈 n=6，支承圈 n_0=2.5，右旋，要求用 1:1 的比例画出其全剖视图。

8-1 第四次作业指示书

第四次作业　画零件工作图

一、目的要求

熟悉零件图的内容、要求和绘制方法。在制图方面能综合运用各种表达方法，清晰合理地表达出所画零件的形体结构及各部分细节。在尺寸方面能正确、完整地标出所需尺寸，并能合理地选用基准。此外，还应根据所给的数据，学习零件图上技术要求的注写。

二、内容和格式

附图两张中的“支架”，可用徒手作草图的形式画在草图纸上作为练习。“调速器体”则用仪器正规画在A3纸上。图名为“调速器体”，图号05，比例为1:1，材料HT200。

三、绘图步骤与注意事项

1. 在A3纸上按标准绘制图框线和标题栏，然后按考虑好的视图表达方案，在图幅内合适地布置各视图。布置各视图时，应先定出它们的对称线或作图时的基准线。

2. 应在所给视图的基础上，重新考虑合适的表达方案，视图画法及视图数均可重新组合，并应考虑合适的剖切方法。

3. 标注尺寸时，必须明确基准。并由此出发，合理、正确地配置尺寸。

4. 按所给表面粗糙度高度参数值，在图中正确标注。绘图时，必须认真细致，线型字体等均应符合国家标准的规定，以便使图面质量接近生产图纸的水平。

说明：1. 本零件名称为支架，材料 HT200，件数 1。

2. 此零件只有三种孔及 $\phi130$ 圆柱的前后端面是经机械加工的，其中除 $\phi80$ 孔的 R_a 值为 1.6 μm 外，其他加工表面的 R_a 值均为 12.5 μm，其余表面为 ♢/，未注圆角半径为 $R3$。

要求：画出此零件的零件工作图。

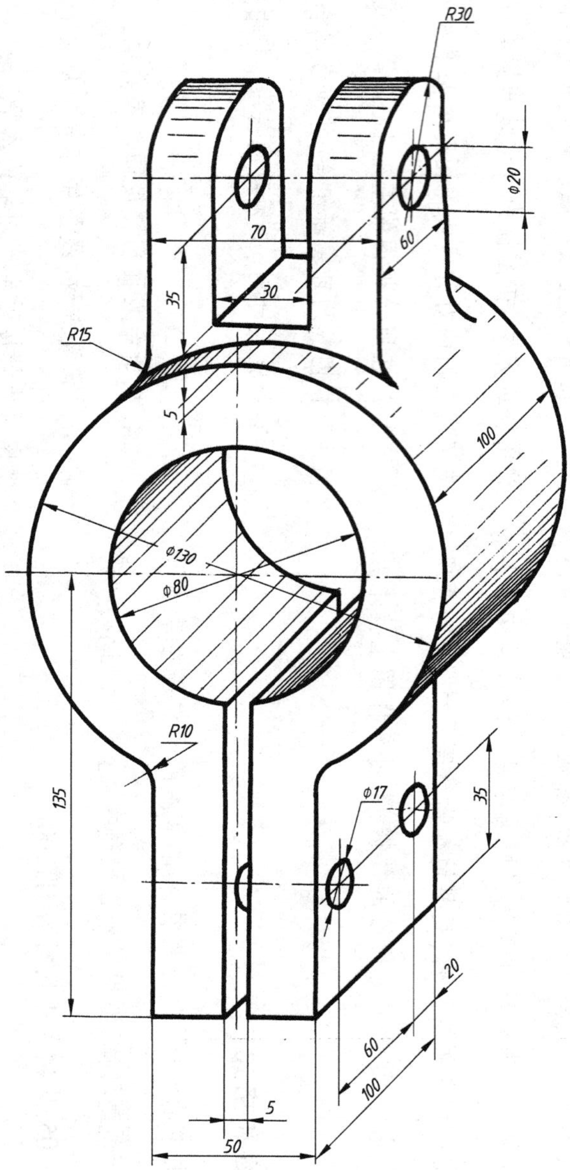

8-3 由视图画零件图

说明:1. 本零件名称为调速器体,材料 HT200,件数 1。

2. 绘图时,视图应重新组合,并选用合适的剖视。

3. 给出 R_a 值如下:

总长 96 的左右端面 $R_a6.3$,左端 φ45 孔的侧面及底面均为 $R_a12.5$,左右端 φ24 孔的 R_a 均为 1.6,后面 φ36 圆柱面及端面均为 $R_a6.3$,后面 φ20 孔 $R_a1.6$,3×φ4.5 沉孔及 2×φ6 通孔之 R_a 均为 12.5,倒角均为 R_a25,其余 ◇。

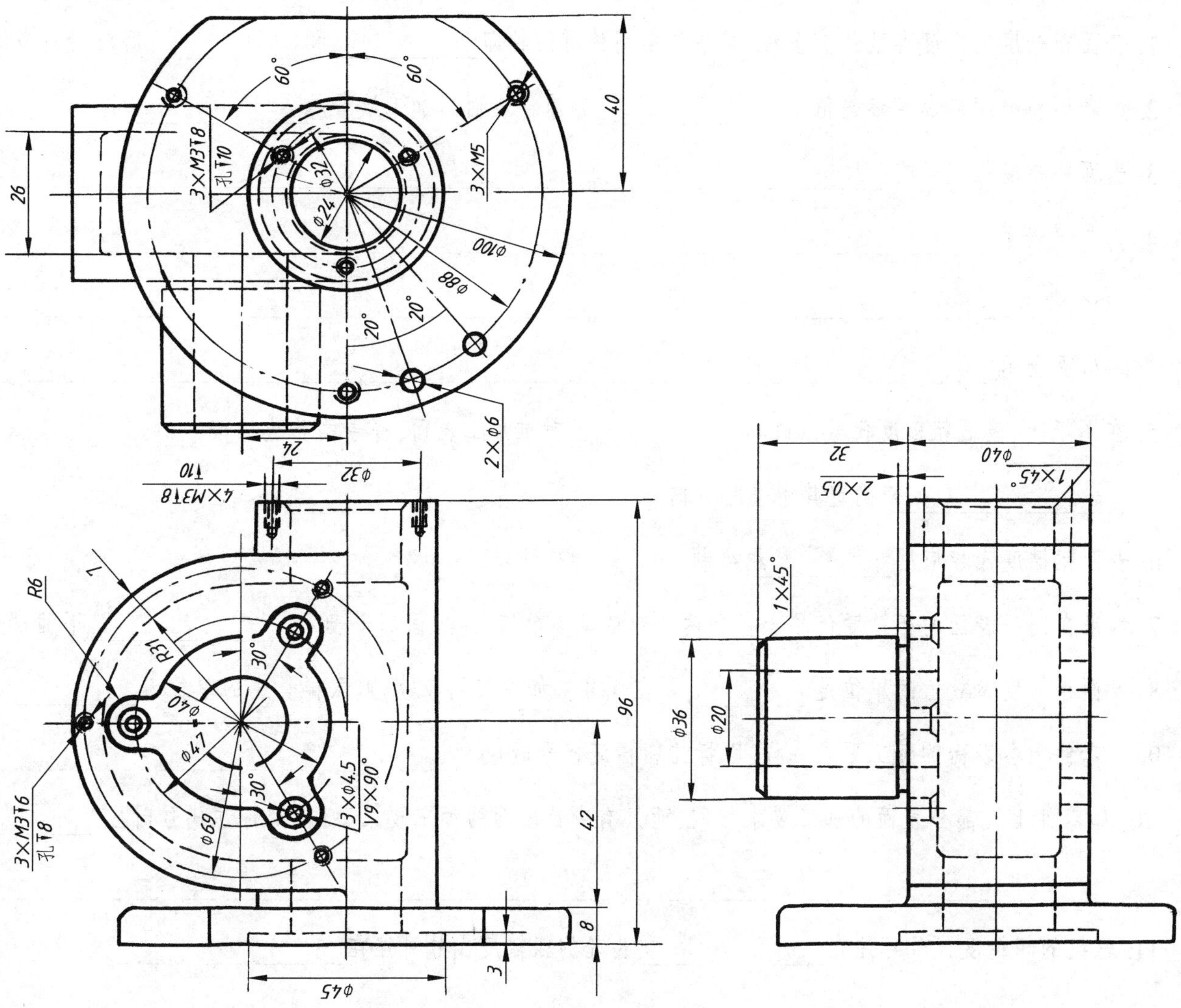

8-4　表面粗糙度

班级 ________ 姓名 ______

1. 表面粗糙度的高度参数值有多种,其中较常用的有两种即__________和__________,而应用最多的则是__________。

2. 如表面粗糙度的高度参数值越__________,则零件表面的加工质量越__________。

3. 表面粗糙度的代号有____。

4. $\sqrt{R_a 6.3}$（去除材料）表示____。

   $\not{\circ}$（不去除材料）表示____。

   $\sqrt{R_a 2.5}$ 表示____。

5. 在图纸上,表面粗糙度代号应以其__________对准加工表面,符号的长边应按__________来确定其位置,高度参数值则应按__________来确定其中书写方向。

6. 表面粗糙度代号应用________线绘制。

7. 如果在同一表面的粗糙度代号上标有两个粗糙度参数值,则上面那个表示__________,下面那个表示__________。

8. 表面粗糙度参数值的单位是________,如在代号上加注其他参数,则取样长度的单位为________,加工余量的单位为________。

9. 如零件上各表面的加工要求一样,则标注粗糙度代号时应______________________________________。

10. 如零件上大部分表面的加工要求相同,而只有少数表面的加工要求不同,则标注代号时应____。

11. 螺纹的粗糙度代号可注在__________,齿轮的粗糙度代号可注在__________。

8-5 表面粗糙度

根据所给数据在下图所示零件的视图中，标注表面粗糙度。(1) ϕ22 凸台顶面 R_a12.5； (2) 轴承前、后端面倒角及轴孔倒角均为 R_a12.5；(3) 轴承前、后端面 R_a6.3；(4) 轴承底面 R_a6.3；(5) ϕ32 轴孔 R_a1.6；(6) ϕ24 凸台顶面及 ϕ14 螺栓通孔 R_a12.5；(7) 其余表面均未加工。

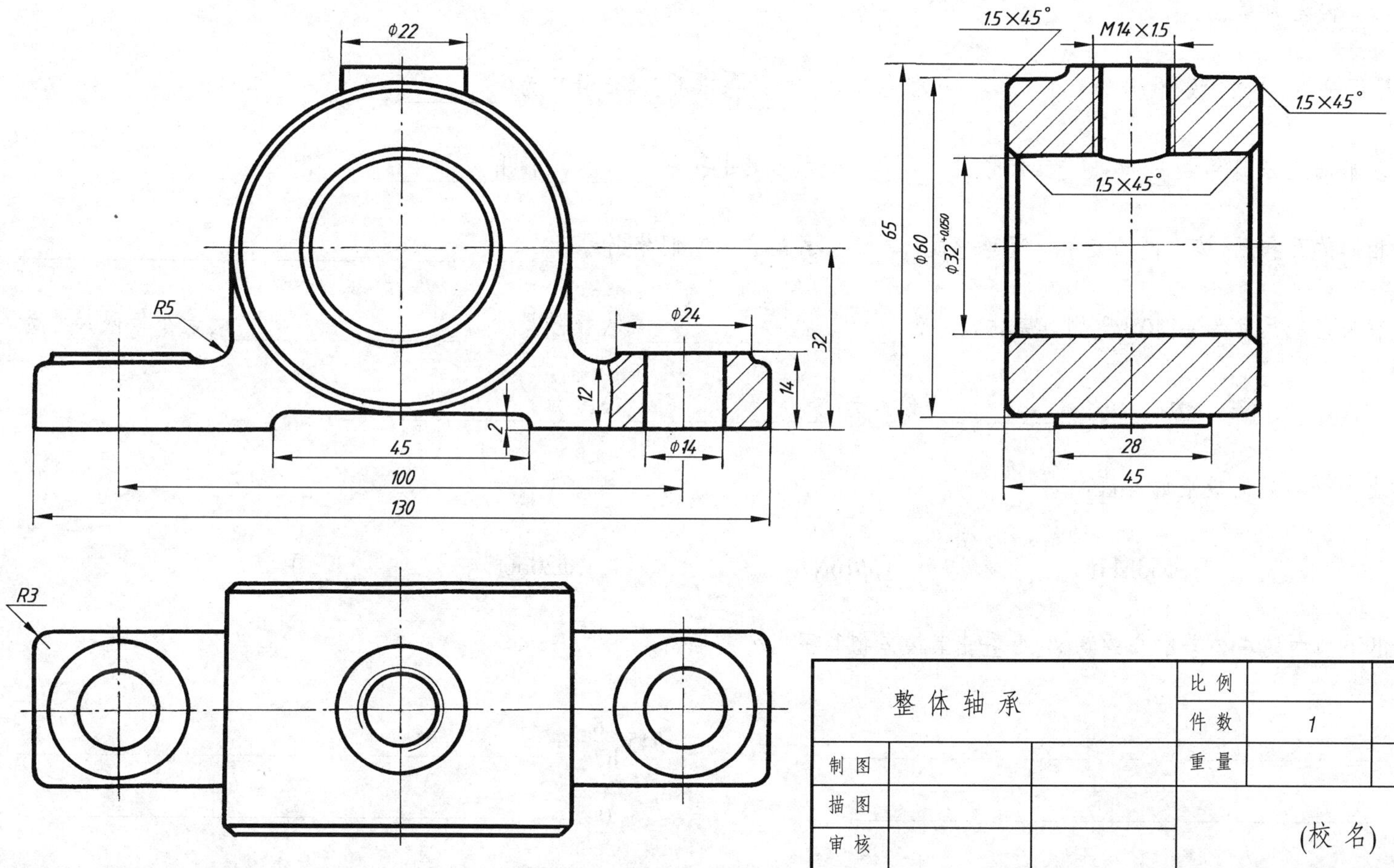

整体轴承		比例		(图号)	
		件数	1		
制图		重量		材料	HT200
描图		(校名)			
审核					

8-6 极限与配合

1. 在公差配合制中，公差带主要是由________和________两部分组成。前者表示公差带的________，后者表示公差带的________。

2. 基孔制配合中的孔叫________，其代号为________，且其________偏差为零。基轴制配合中的轴叫________，其代号为________，且其________偏差为零。

3. 标准公差等级分________级，代号为________。标准公差为9级的基准孔，其代号应为________。

4. 孔和轴的基本偏差分别定为________个，其代号用________表示。其中孔用________，轴用________。

5. 基本尺寸相同的孔和轴，按不同的使用情况可分成________种配合。它们分别为________________________________。

6. 已知一带有公差的尺寸为 $\phi 140^{+0.040}$，则其基本尺寸为____________，最大极限尺寸为____________，最小极限尺寸为____________，上偏差为____________，下偏差为____________，公差为____________。

7. 查表并标出下列各题的极限偏差值：

$\phi 33H11$(　　　　　　)，$\phi 53h11$(　　　　　　)，$\phi 16N7$(　　　　　　)，$\phi 20p6$(　　　　　　)。

8. 用文字写出下列两题中公差配合的意义，并查出其公差值和画出公差带图。

$\phi 28\frac{H7}{g6}$ ________________________________

$\begin{matrix}+\\0\\-\end{matrix}$ ________________________________

$\phi 45\frac{F8}{h7}$ ________________________________

$\begin{matrix}+\\0\\-\end{matrix}$ ________________________________

8-7 极限与配合

根据所给条件，标注极限与配合，要求在装配图上注代号，在零件图上注相应的极限偏差值。

已知：(1) 箱体和箱盖上的孔和透盖配合处的直径 $\phi72$ 孔为基准孔 IT7 级，透盖的基本偏差代号为 h，IT9 级。

(2) 甩油环孔和轴径配合处的直径 $\phi35$，孔为基准孔 IT7 级，轴的基本偏差代号为 d，IT9 级。

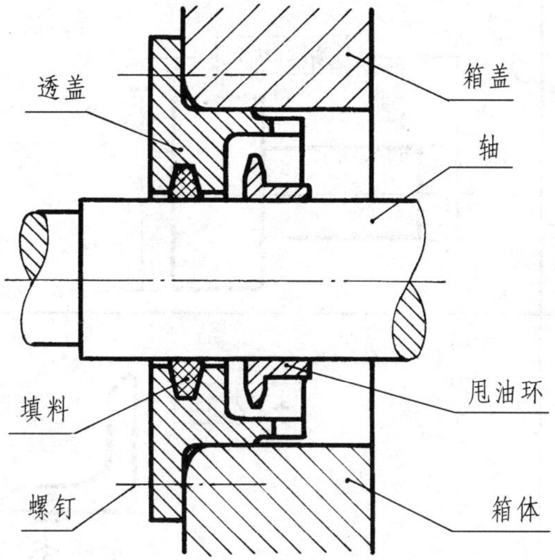

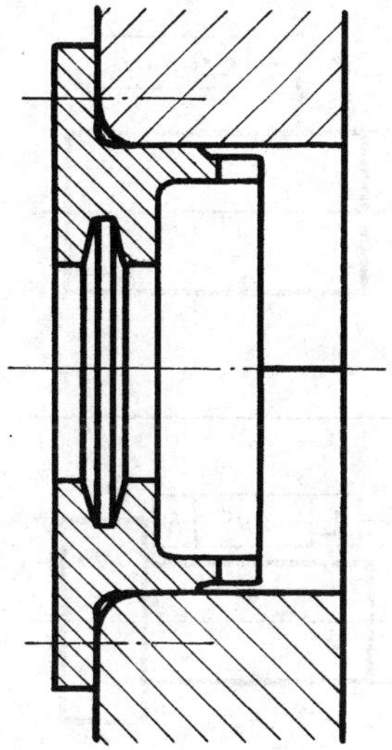

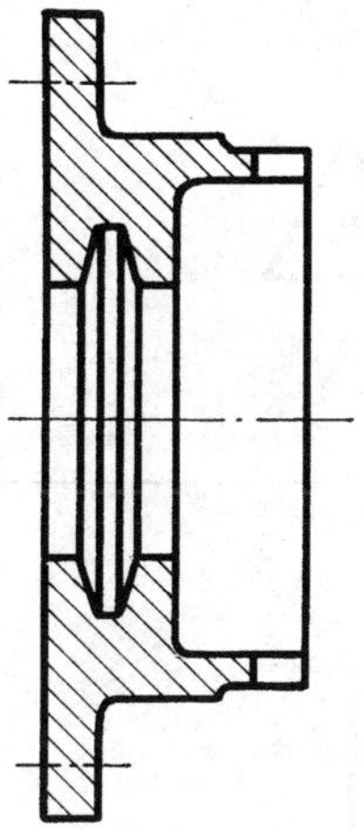

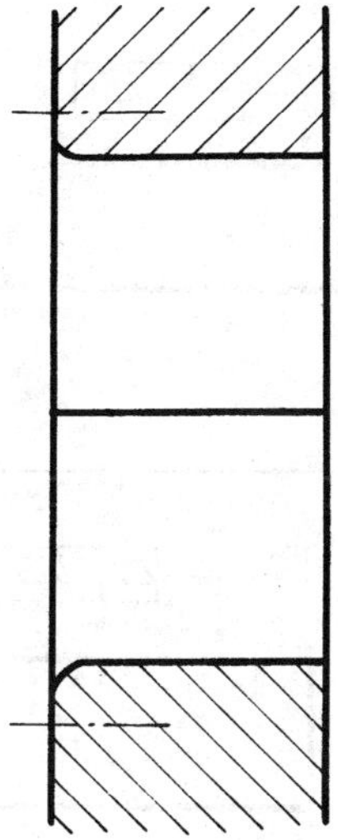

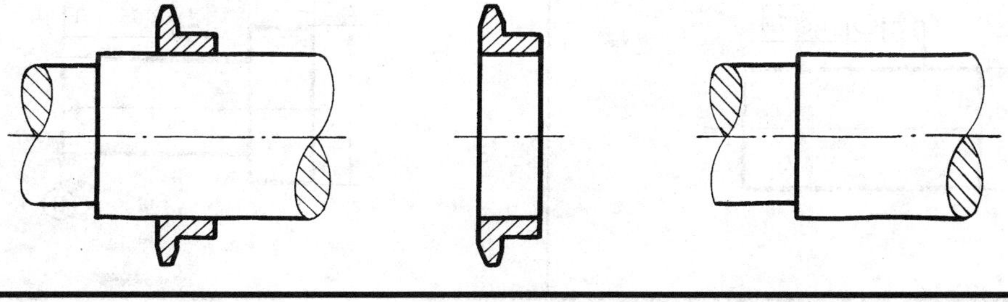

班级________姓名________

8-8 形位公差

1. 形位公差项目共有________项，其中形状公差________项，位置公差________项，形状或位置公差________项。

2. 将下列常用形位公差的代号，填在横线上：直线度________，平面度________，圆度________，圆柱度________，平行度________，垂直度________，同轴度________，对称度________，全跳动________。

3. 解释下列各图中所标形位公差的意义。

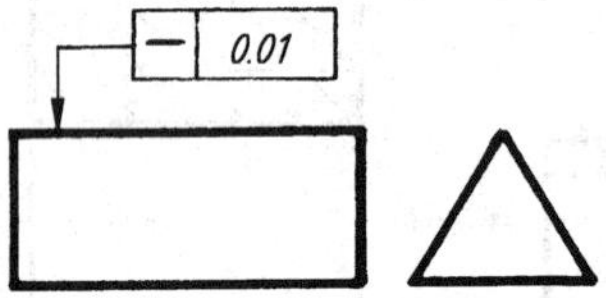

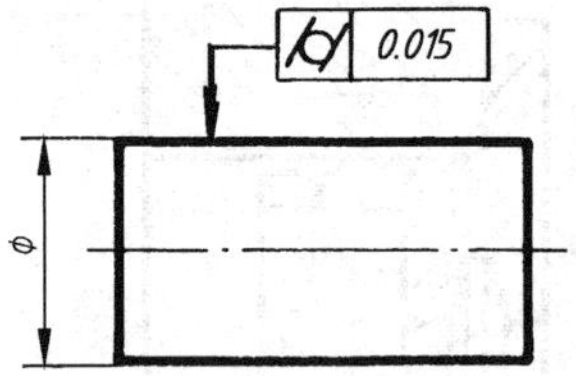

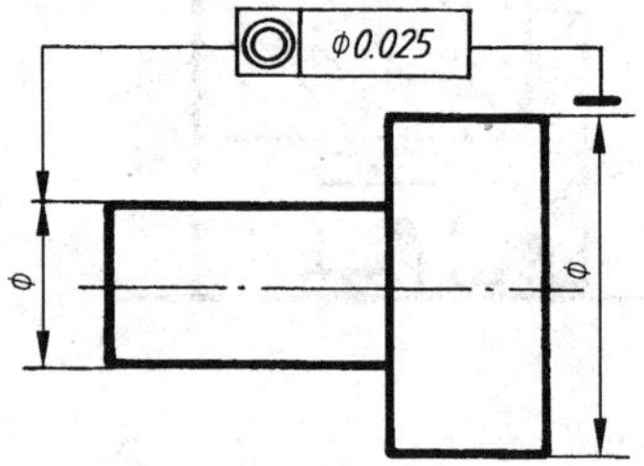

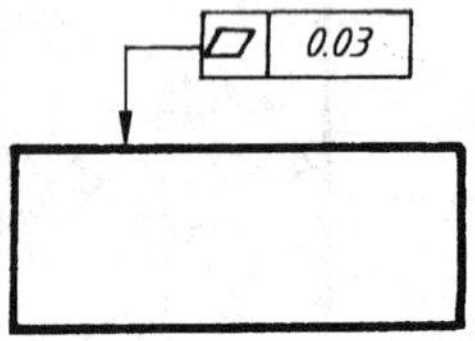

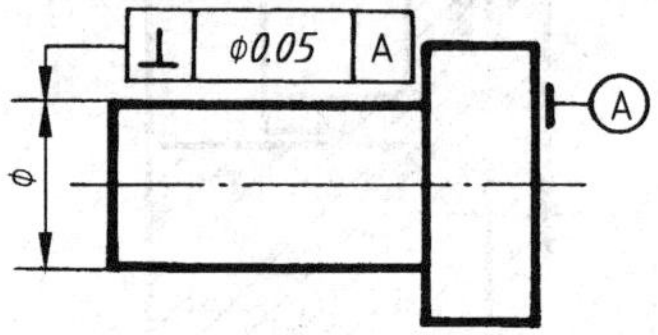

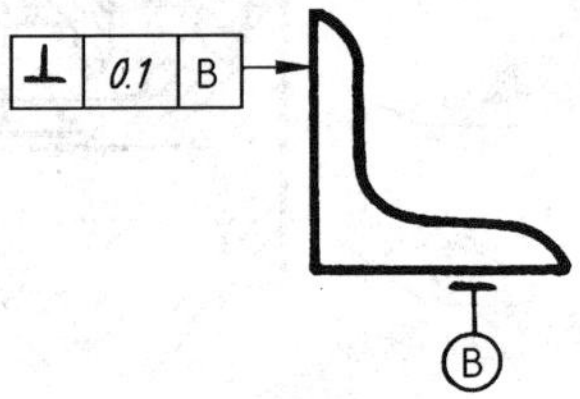

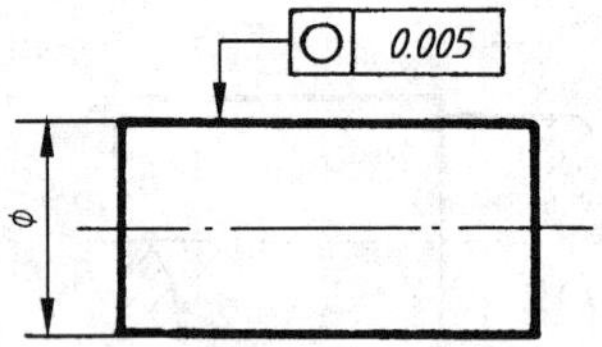

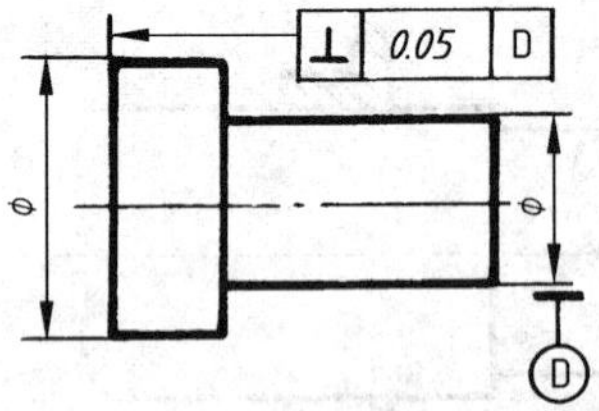

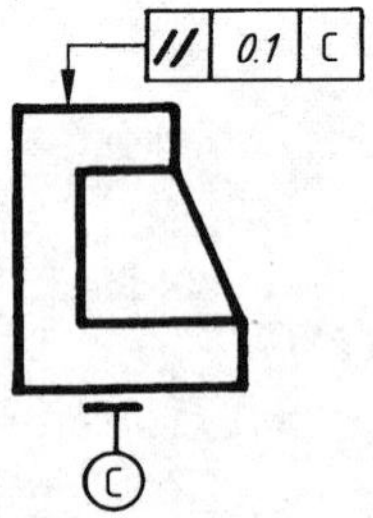

班级______ 姓名______

1. 改正下图中形位公差标注的错误。

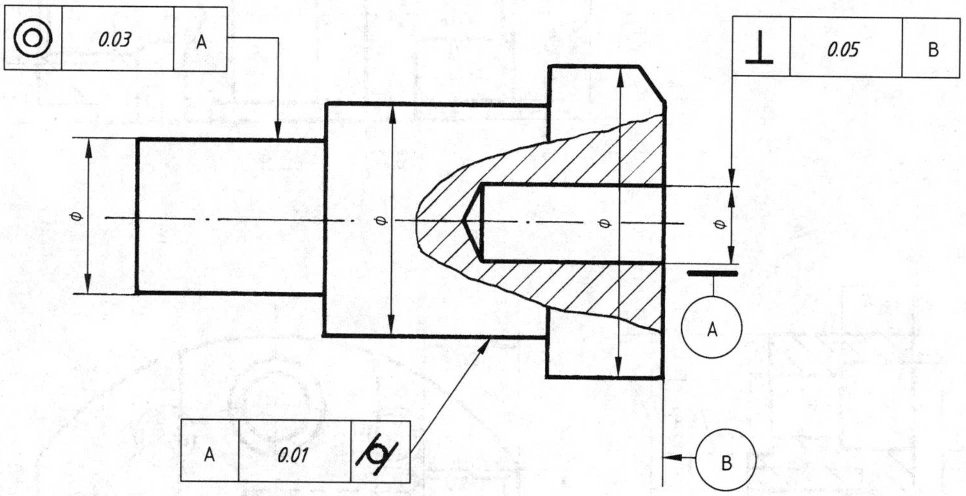

2. 根据所给条件标注形位公差。

(1) ϕ75 m6 对 ϕ50H7 的同轴度公差为 0.025。

(2) ϕ50H7 孔的轴线对右端面的垂直度公差为 ϕ0.04。

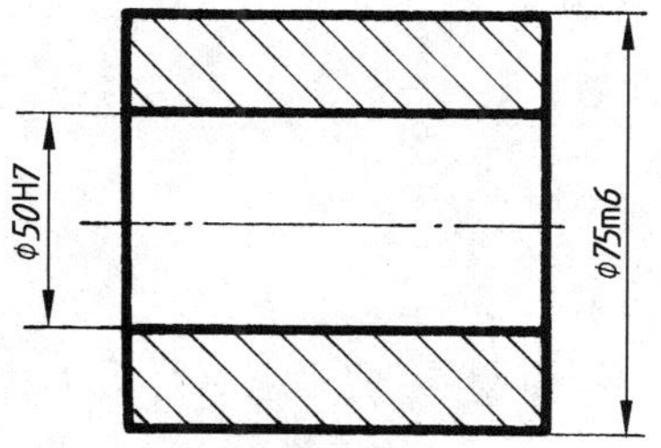

(1) 凸台顶面对底面的平行度公差为 0.01。

(2) ϕ100h6 圆柱表面对 ϕ30P7 的径向跳动公差为 0.03。

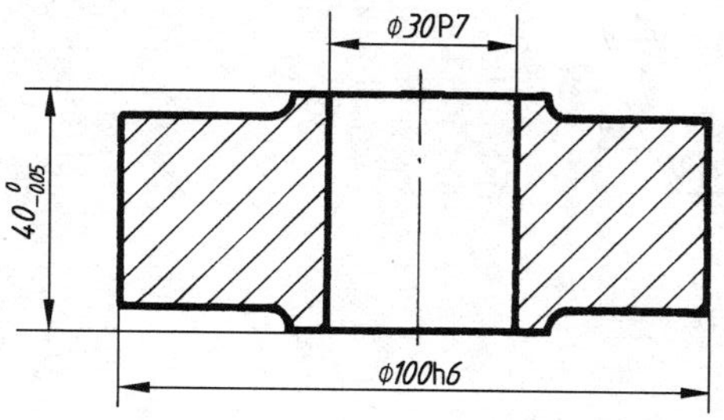

8-10 读零件图

班级 ______ 姓名 ______

本零件名称为配油盘,材料为 HT200,件数 1;要求在读懂此图的基础上回答如下问题:

(1) $G\frac{3}{8}$是________螺纹,其大径为________,小径为________。

(2) 改主视图为 B—B 全剖视图。

(3) 作 C 向 (只画外形,省略虚线)。

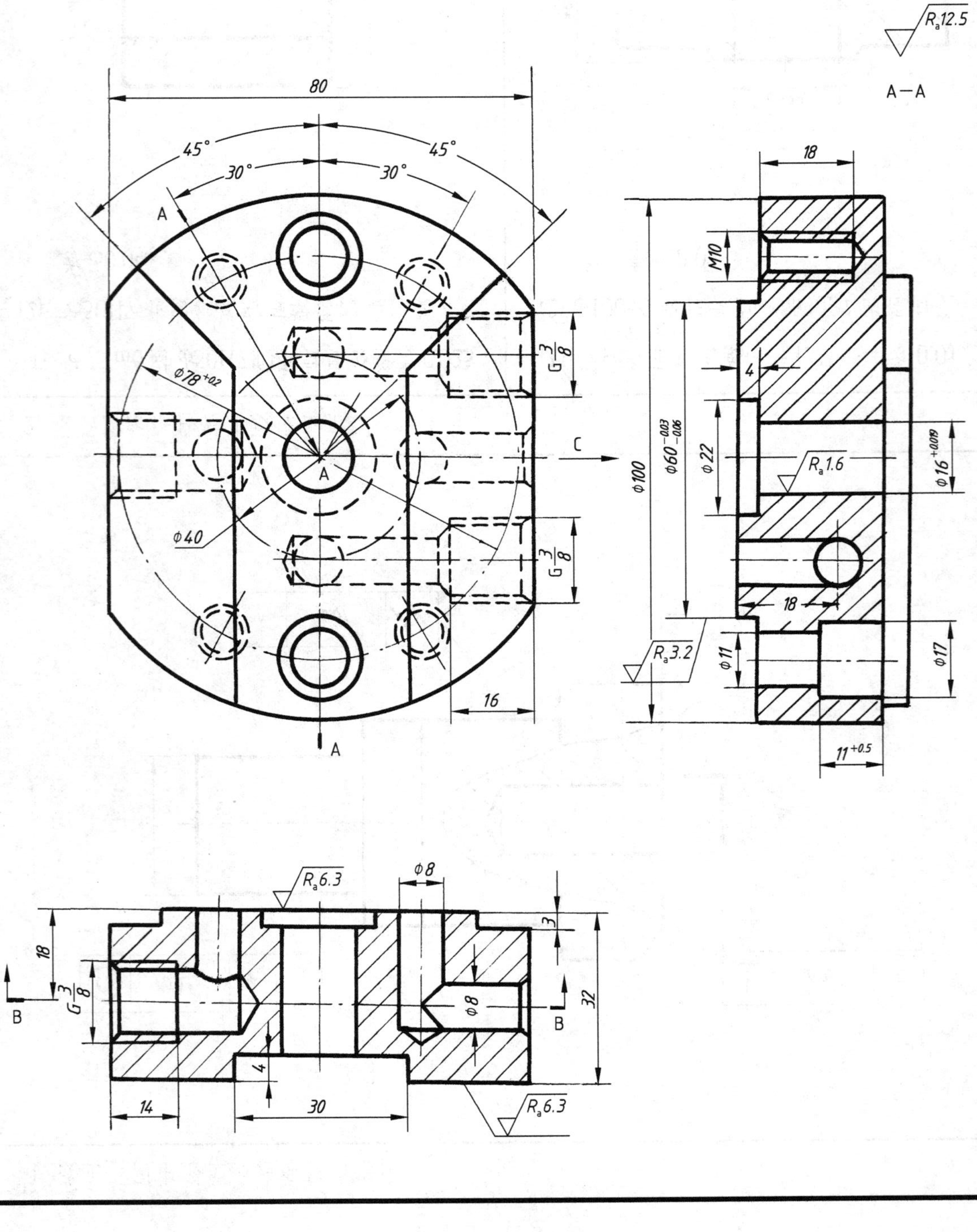

8-11 读零件图

本零件名称为捏手,材料为 HT100,件数 1;要求在读懂此图的基础上回答下列问题:

(1) ϕ4H7($^{+0.012}_{+0.000}$)表示 ________________;

(2) 图中形位公差的意义为 ________________;

(3) 补画俯视图(外形)及 A—A 断面。

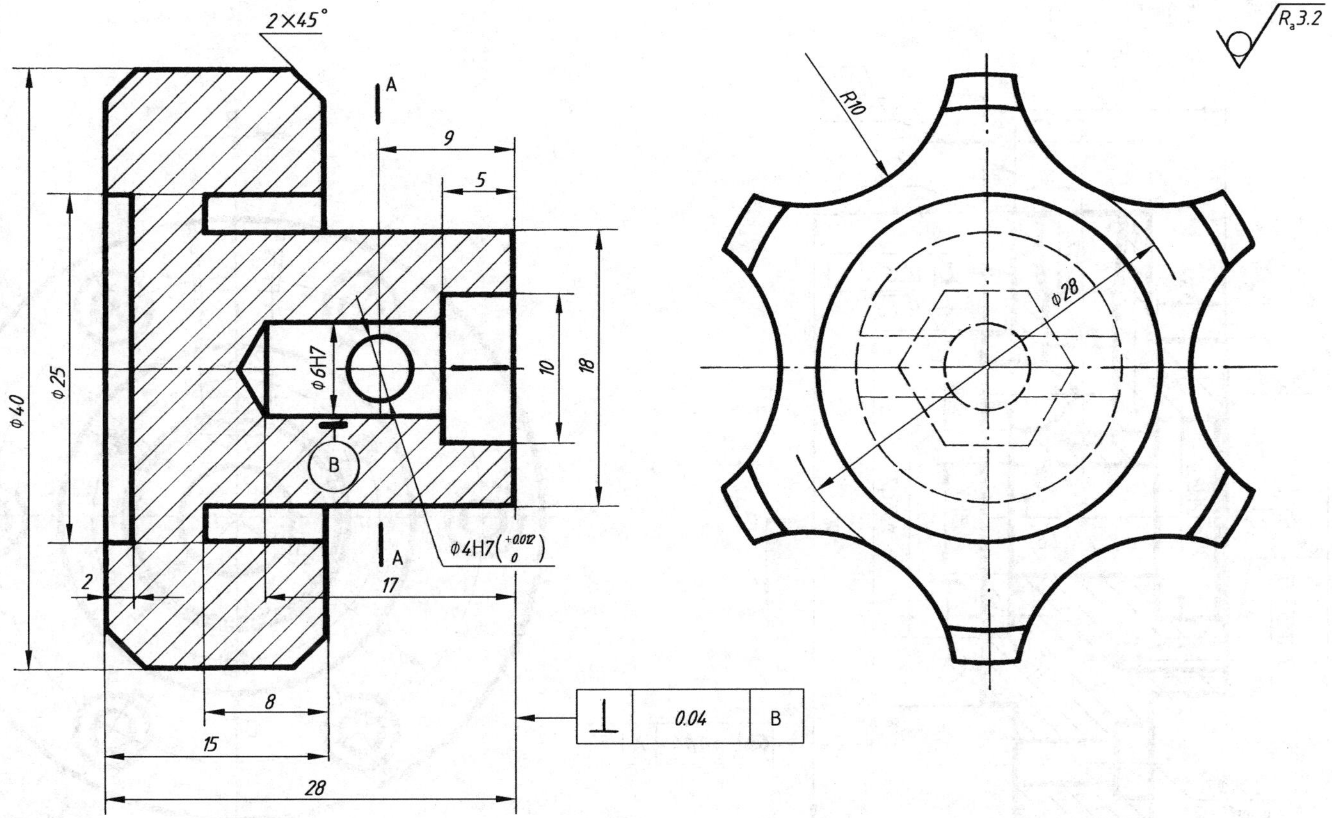

8-12 读零件图

本零件名称为端盖，材料为 HT150，件数 1，要求在读懂此零件图的基础上回答下列问题：

1. $\frac{6\times\phi 7}{\sqcup\phi 11 \downarrow 5}$ 表示____。

2. 解释图中两处形位公差的意义____。

3. 说明 $R_C\frac{1}{4}$ 的意义____。

4. 作 C—C 全剖视图及 D 向(外形)。

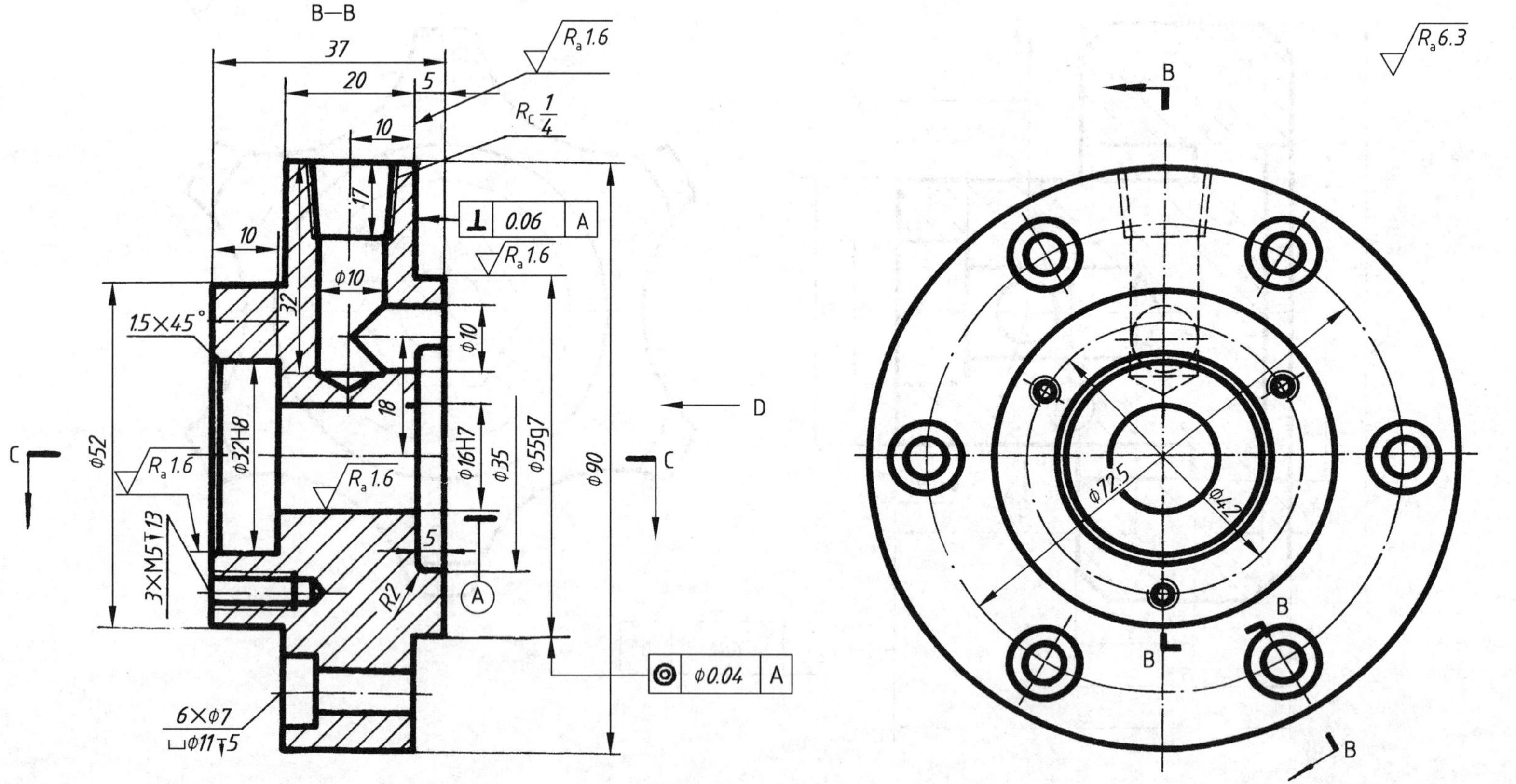

班级 ______ 姓名 ______

本零件名称为前盖,材料为 ZL201,件数 1;要求在读懂此图的基础上回答下列问题:

(1) 圈出前盖零件上长、宽、高三方向的尺寸基准。

(2) 圈出图中加工得最好的表面。

(3) 作 B—B 剖视和 C—C 局部断面图。

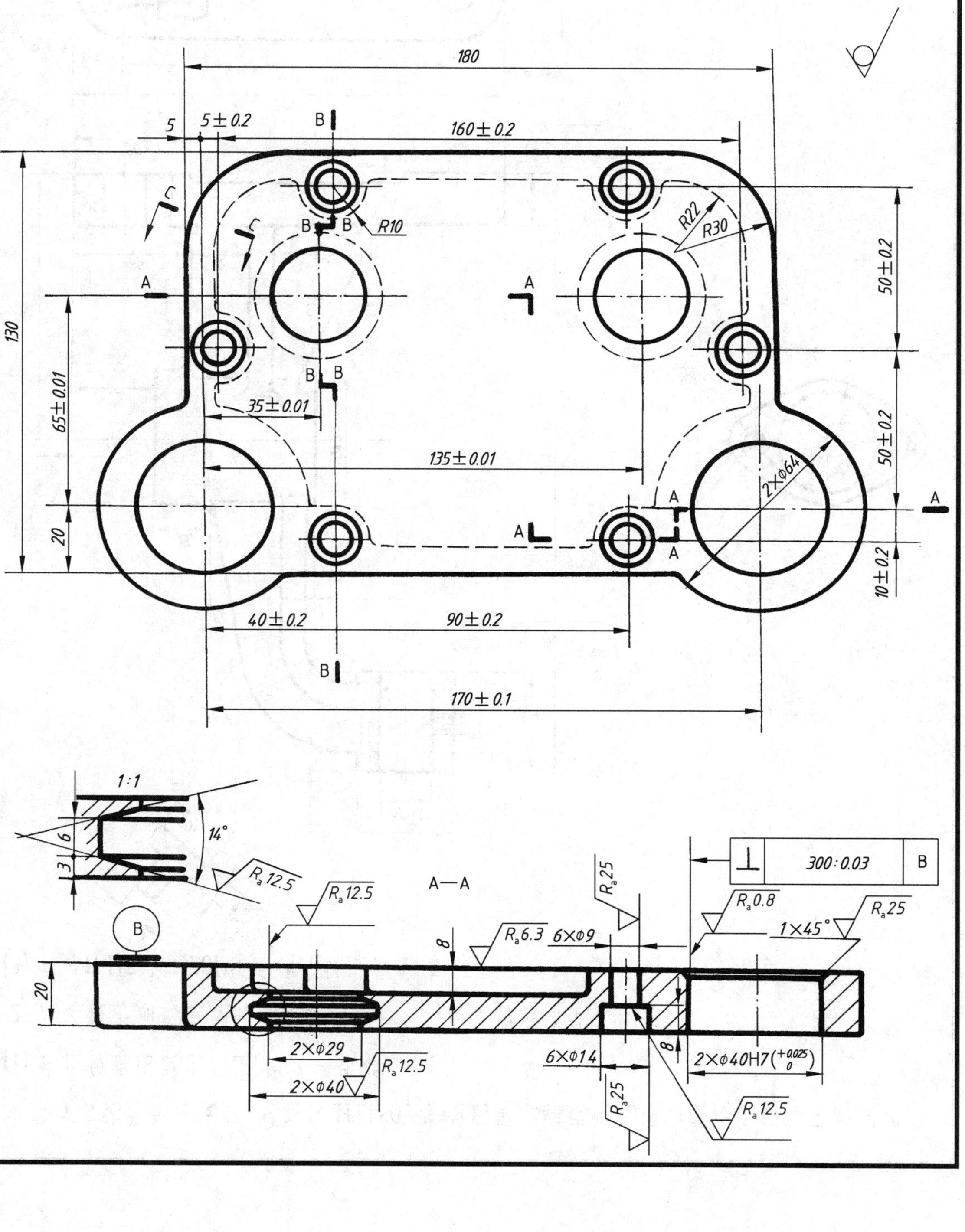

8-14 读零件图

本零件名称为齿轮支架,材料为 HT150,件数 1;要求在读懂此图的基础上回答下列问题:

(1) 作出俯视图及左视图(均只画外形)。

(2) 此零件上加工最好的表面是________,最差的表面是________。

(3) 在 ϕ16H7 及 ϕ20H8 后加注极限偏差值。

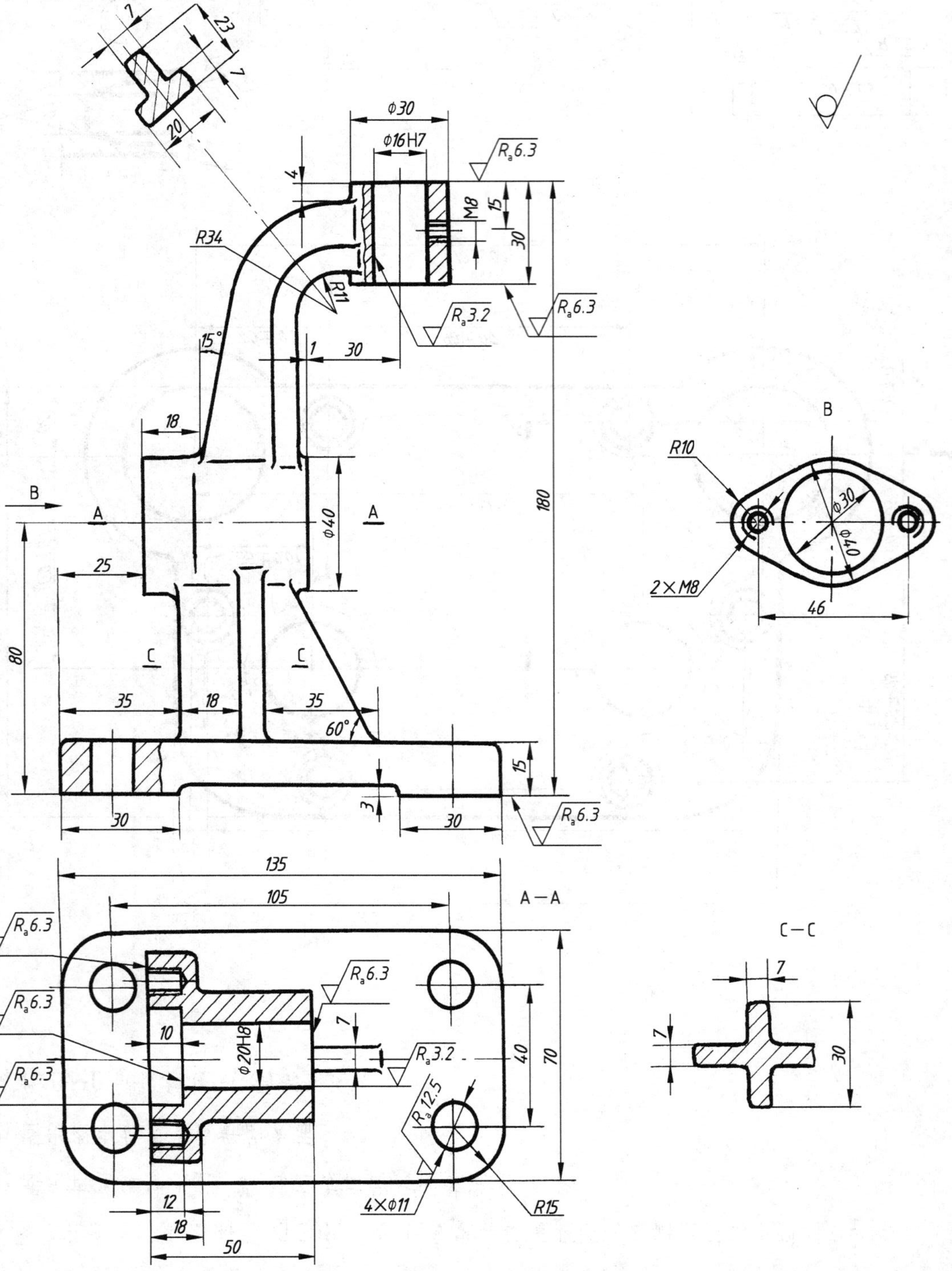

9-1 第五次作业指示书

第五次作业　　由零件图绘制装配图

一、目的要求

了解装配图的内容、要求和部件的装配顺序，通过由零件图拼装的形式，掌握装配图的绘制方法和技巧。

二、内容和格式

在两张附图中，一张螺旋千斤顶可作为练习在草图纸上拼装成装配图，只需画一主视图即可。另一张旋塞则按装配图的要求正确绘制在A3纸上。装配图除视图外，还应有必要的尺寸、编号和零件明细表等。零件明细表的内容和尺寸见右下角附图所示。本作业图名为“旋塞”，图号06，比例为1:1。

三、绘图步骤与注意事项

1. 绘图前，应先画图框线，并留好标题栏与零件明细表的空位，以便合理布置装配图的视图。

2. 按绘制装配图的惯例应先画较大的零件，然后把其他零件逐一往上放。本题的绘制顺序为阀体→锥形塞→垫圈→填料→压盖→螺钉。

3. 按装配图惯例，运动件应放在极限位置，故锥形塞的定位应使其上 ϕ15 孔的轴线与阀体上相应孔的轴线对准，并将锥形塞画在开或关的极限位置。

4. 填料系石棉绳或棉、麻等纤维质，未给出其零件图，绘制装配图时，可用国标中类似非金属材料的交叉线表示。

5. 本题只注装配图上应注的少量尺寸如性能尺寸、装配尺寸、安装尺寸及其他尺寸等，并在图上编号和填写明细表。

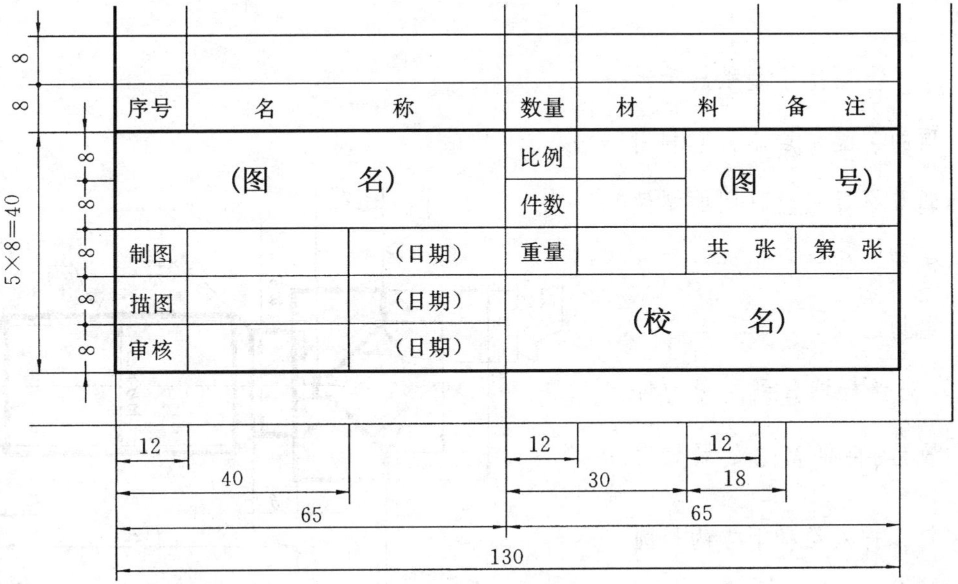

9-2 由零件图画装配图(千斤顶)

班级________ 姓名________

千斤顶装配示意图

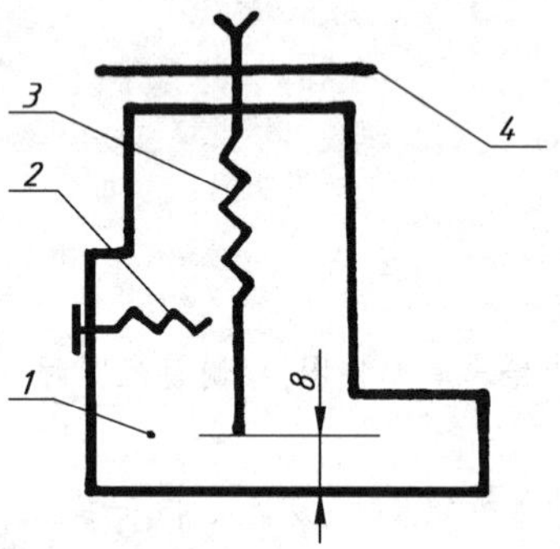

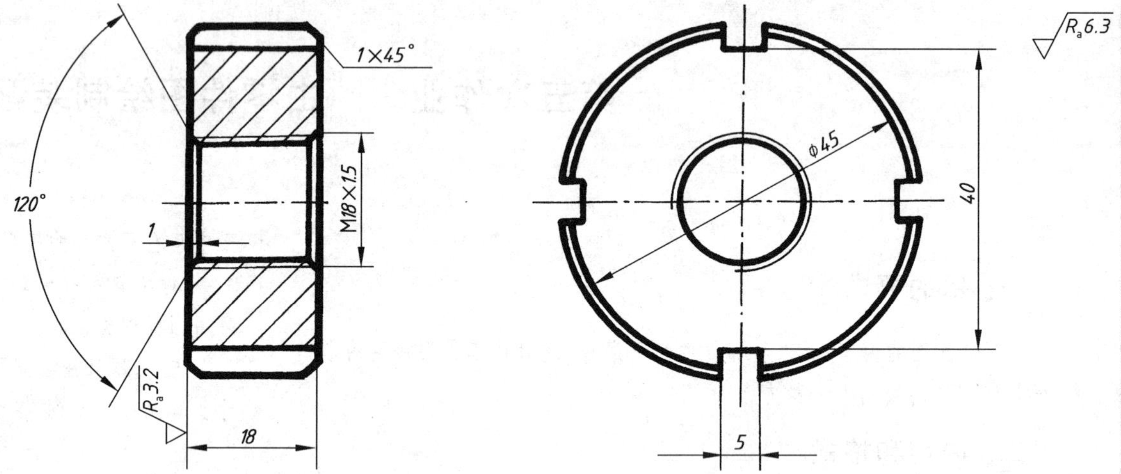

调节螺母-1-35

上图是小型螺旋千斤顶的装配示意图，它利用调节螺母与丝杆间的螺纹传动，使丝杆上升而顶举重物。

当丝杆调整到所需的位置后，再将M10的紧定螺钉，拧入丝杆下方的长圆形槽内定位固定。

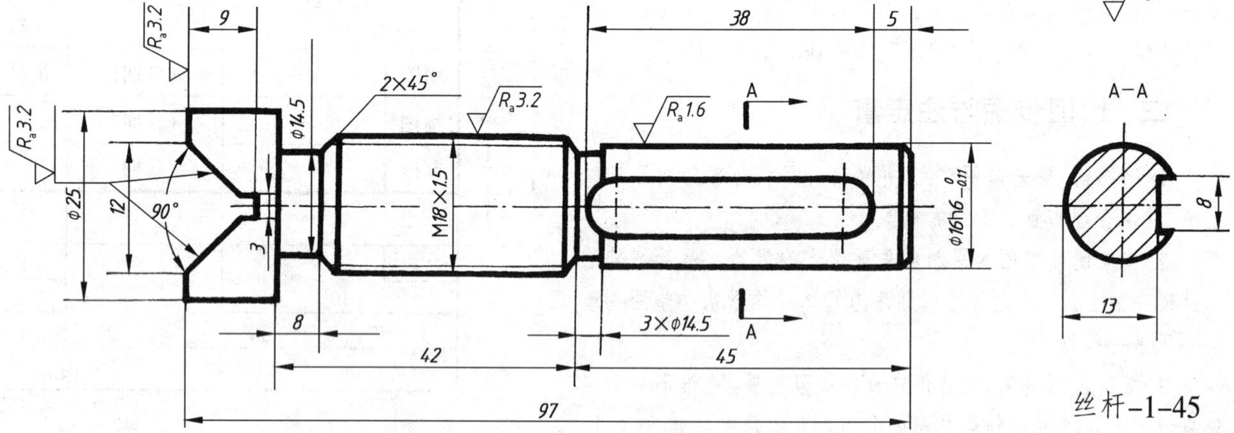

丝杆-1-45

9-3 由零件图画装配图

班级 ________ 姓名 ________

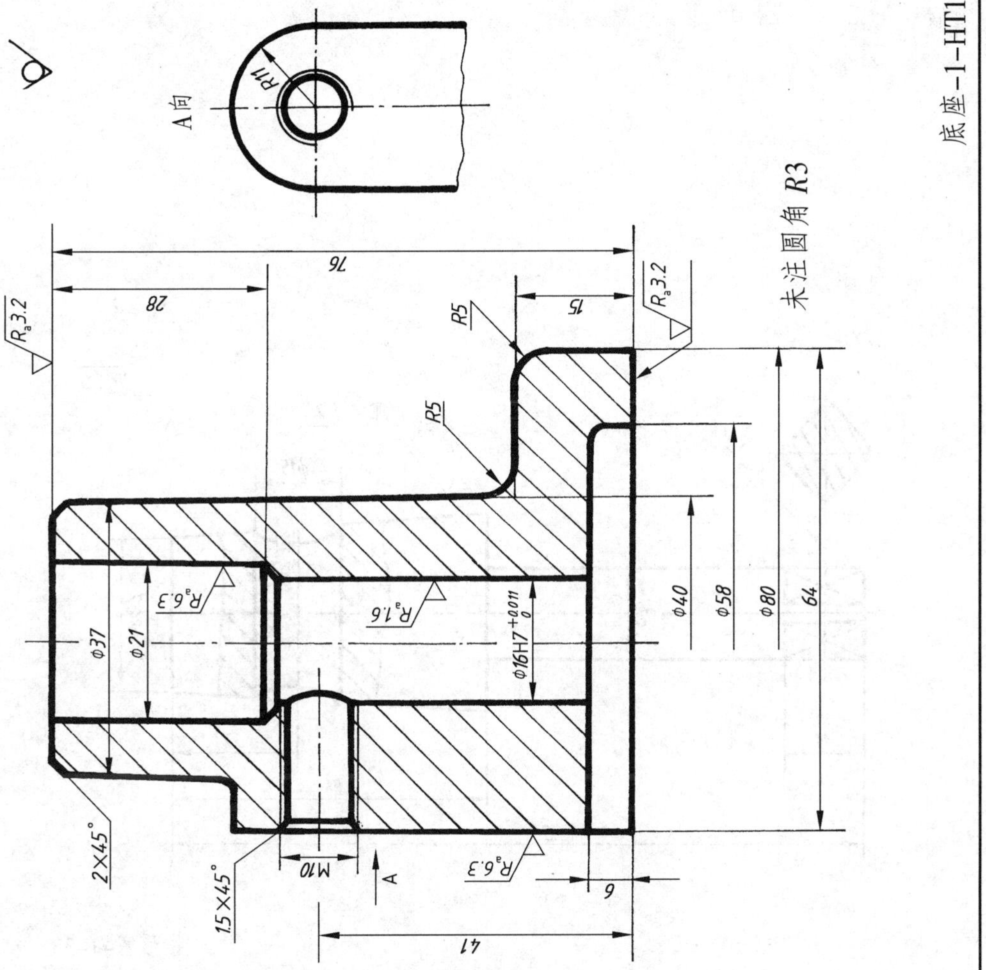

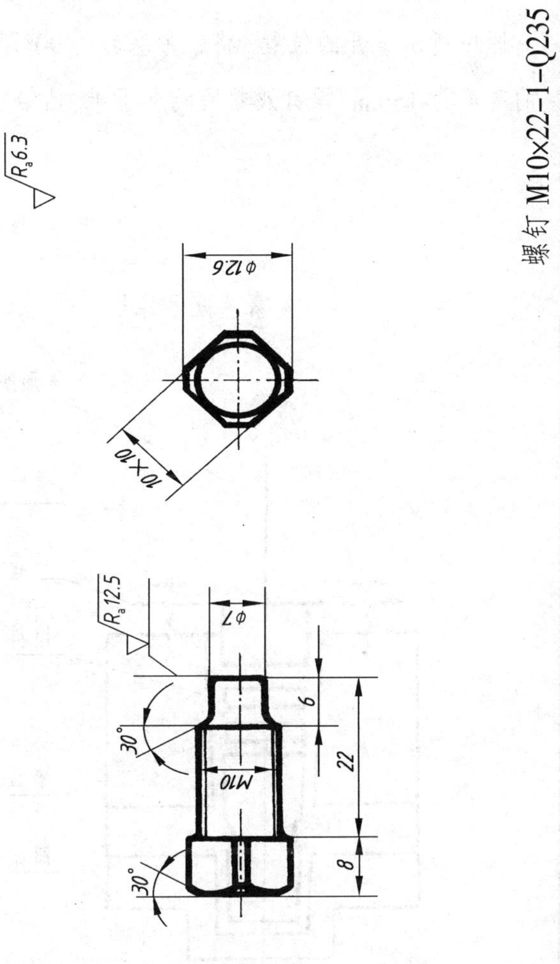

9-4　由零件图画装配图(旋塞)

左下方为旋塞的装配示意图,它以螺纹连接于管道上作为开关设备,其特点是开关迅速。

图中所示是开的位置。将锥形塞转达90°即行关闭。为了防止泄漏,在锥形塞与阀体间装入填料,并用压盖压紧。填料(石棉绳)压紧后的高度为15 mm(螺钉及垫圈均非标准,已给出其零件图)。

旋塞装配示意图

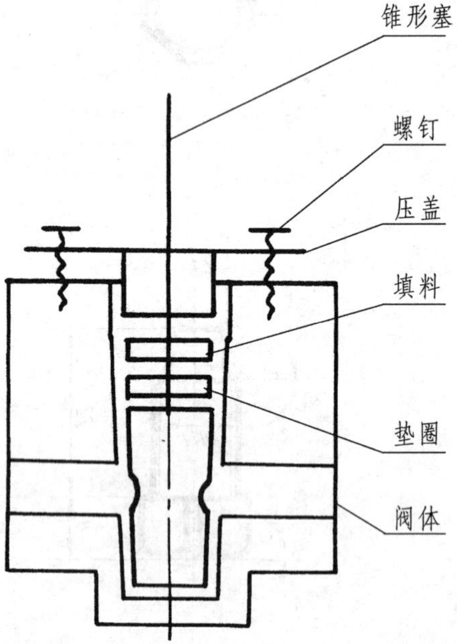

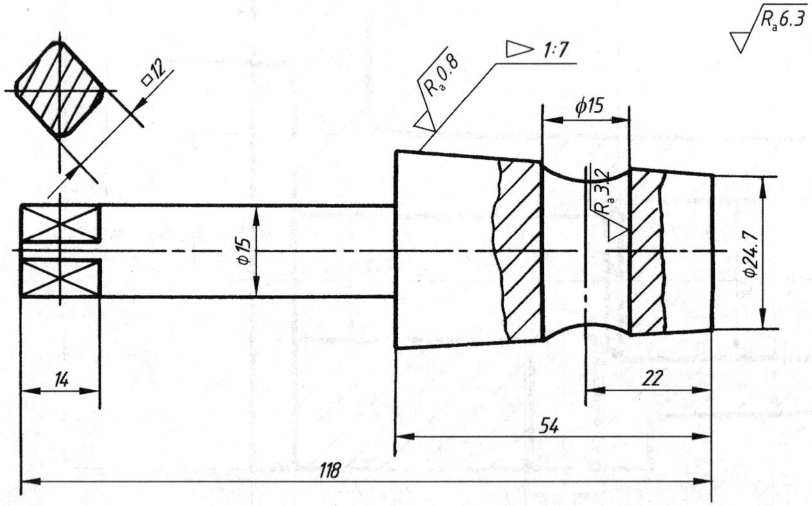

锥形塞–1–35

班级________ 姓名________

9-5 由零件图画装配图(旋塞续)

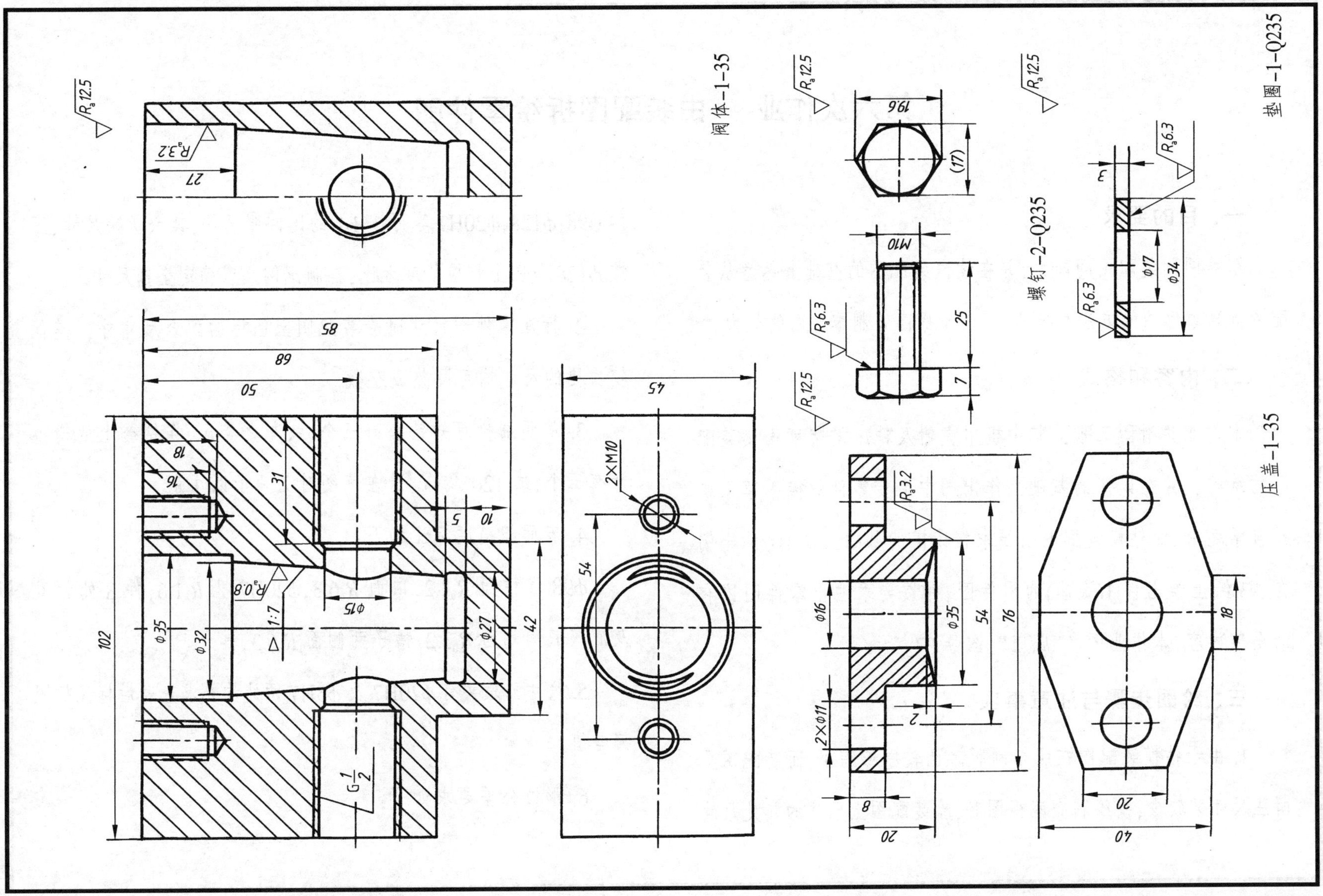

9-6　第六次作业指示书

班级________ 姓名________

第六次作业　由装配图拆绘零件图

一、目的要求

培养阅读装配图的能力，并在读懂装配图的基础上熟悉从装配图拆画零件图的方法和技巧，进一步提高绘制零件图的能力。

二、内容和格式

本作业共附图三张，其中机用虎钳及铣床尾架可作读装配图的练习，并在读懂的基础上作出图中主要零件的徒手草图或作自学之用。而钻模装配图则要求在读懂的基础上以1:1的比例在A3纸上绘出件1(底座)的零件图，并按要求注出零件图该有的全部内容，本作业图名“底座”，图号07。

三、绘图步骤与注意事项

1. 由于钻模装配图在照相制版时已较原形缩小，而装配图上所注尺寸又较少，故绘制底座视图时，除装配图上已注的几处尺寸如$\phi98$，$\phi128$，$\phi20H7$等可按1:1的比例照画外，其余所缺尺寸，可按$\phi128$与图上相应长度之比，自制比例尺以确定全部尺寸。

2. 标注零件图尺寸时除装配图上已标的配合尺寸外，其他较次要的尺寸均可圆整成整数。

3. 从明细栏可知钻套有三个，故与之相应，在钻套上的槽也开有三个，成120°均布，这在读图时必须予以注意。

4. 表面粗糙度标注如下：

$\phi98$圆柱面$R_a3.2$，顶面$R_a6.3$，$\phi20H7$孔$R_a1.6$，件8处销孔及底座底面均为$R_a3.2$，槽子两侧面$R_a6.3$，其余$\sqrt{}$。

5. 尺寸公差共有$\phi20H7$及$\phi5H7$两处均要求查表后标注极限偏差值。

6. 形位公差要求如下：

ϕ20H7 轴线对底座底面的垂直度不大于 ϕ0.05。底座顶面对底面的平行度公差不大于 0.05。

7. 其他技术要求如下：

(1) 未注圆角 *R*3。

(2) 铸件不得有气孔,凹坑等缺陷。

(3) 锐棱倒毛刺。

四、本作业所附各装配图的作用原理介绍

1. 钻模

钻模是一种钻孔时用的专用模具,在批量生产时,可以提高劳动生产率和保证加工精度。工件如图中双点画线所示,在工件上须钻三个直径为 ϕ10 的孔,加工时,按图示位置将工件装好,再盖上件 2(钻模板)和件 5(开口垫圈),拧紧件 6(螺母),然后使钻头对准件 3(钻套),即可进行钻孔,钻套起到引导钻头上下和定位之用。底座上的三个弧形沟槽(图中只剖出了其中的一个)则是在钻孔时出屑和起到保护底座表面不致破坏的作用。

2. 机用虎钳

机用虎钳是机床上夹紧被加工工件的一种工具，当用扳手转动件 4(螺杆)时,即迫使件 7(螺母)带动件 5(动掌)与件 8(钳口)左右移动,从而夹紧或松开工件。件 6(圆螺母)用螺纹与件 7(螺母)相连,用以紧固件 5(动掌),其上四个小孔,则为拧紧螺纹时插入工具之用。

3. 铣床尾架

铣床尾架是铣床上主要附件之一，用两只 T 字头螺栓嵌入件 1(底座)底部左、右的凹槽和铣床工作台的 T 形槽内,拧紧螺母,即可将尾架和铣床工作台相连。件 6(顶尖)主要用于支承被加工的零件,转动件 7(调节螺杆),即能通过件 5(柱销)的限位作用而使件 6(顶尖)作左右移动。件 1(底座)上方两长圆形槽可用以调节顶尖的高低位置。松开件 9(螺母),则件 3(螺栓)连同件 2(滑块)即可在槽内上下移动。当调整至适当位置后,拧紧件 9(螺母)及件 4(螺钉)即可夹紧顶钉支承工件。

班级________ 姓名________

9-8 由装配图拆绘零件图(钻模)

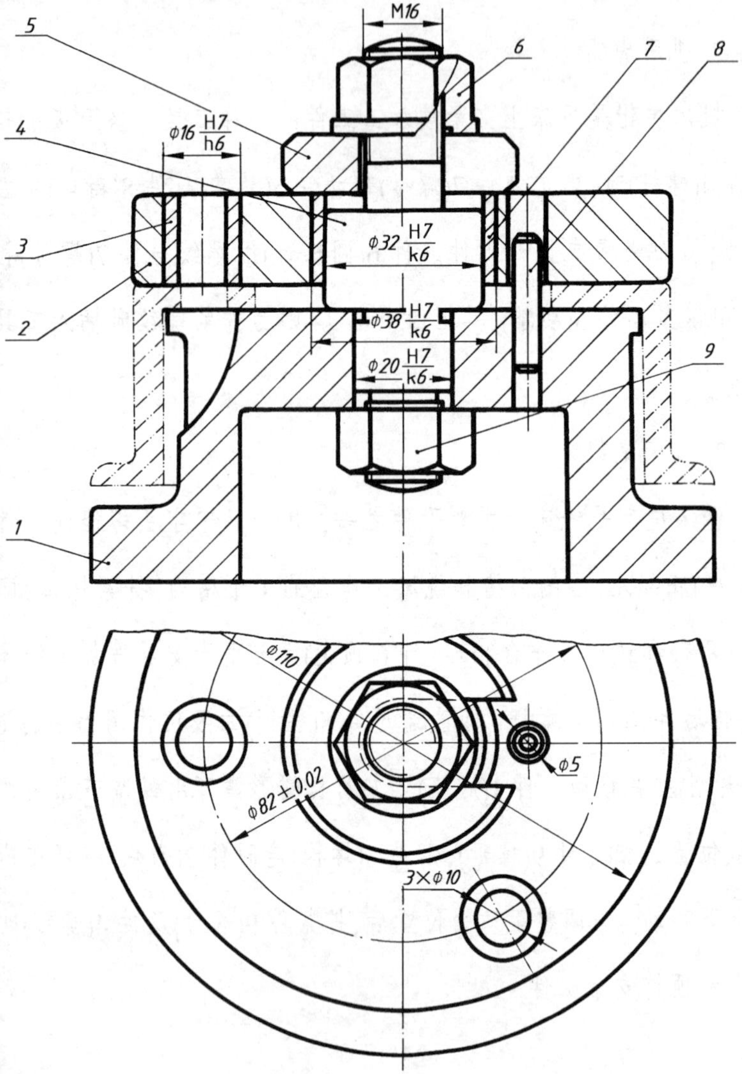

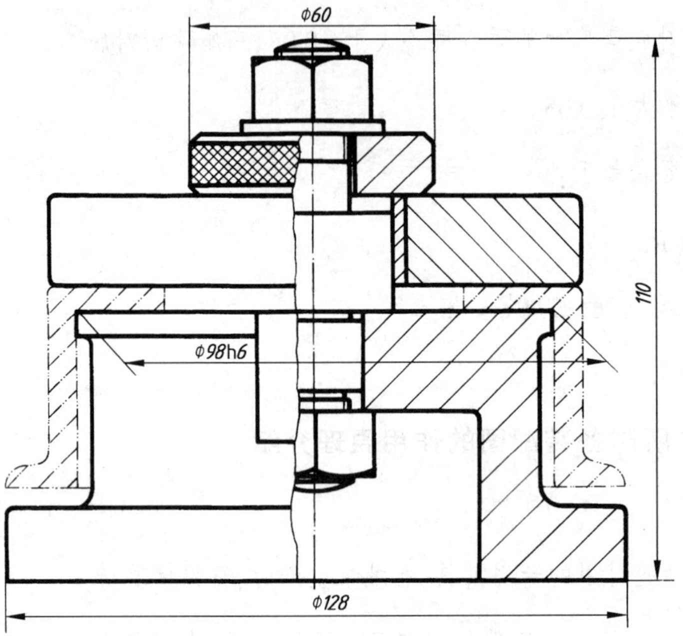

序号	名称	数量	材料	备注
9	六角螺母 M16	1	35	GB/T 6170—2000
8	销 5m6×26	1	35	GB/T 119.1—2000
7	衬套	1	45	
6	特制螺母	1	35	
5	开口垫圈	1	40	
4	轴	1	40	
3	钻套	3	T8	
2	钻模板	1	40	
1	底座	1	HT150	

钻模		比例		(图号)
		件数		
制图		重量		共 张 第 张
描图				(校名)
审核				

9-9 由装配图拆绘零件图(机用虎钳)

班级 ________ 姓名 ________

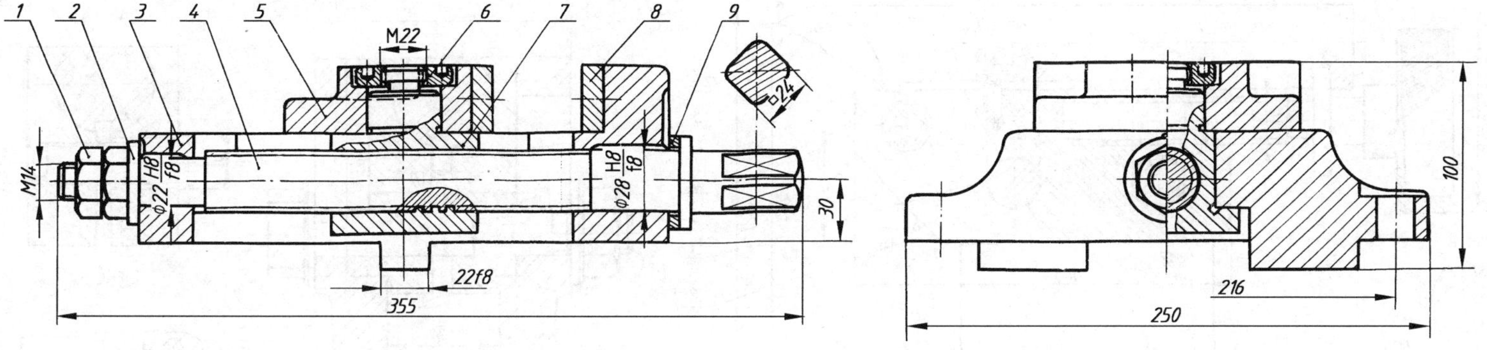

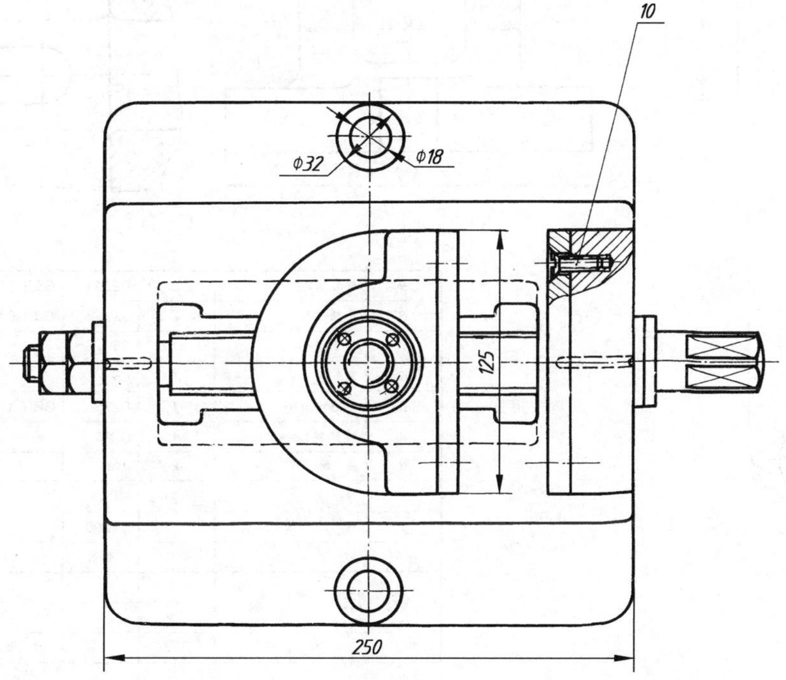

序号	名称	数量	材料	备注
10	螺钉 M8×24	4	Q235	GB/T 68—2000
9	垫圈	1	Q235	GB/T 97.1—2000
8	钳口	2	45	
7	螺母	1	Q235	
6	螺母	1	Q235	
5	动掌	1	HT150	
4	螺杆(方牙 28×6)	1	45	
3	底座	1	HT200	
2	垫圈 14	1	Q235	GB/T 97.1—2000
1	螺母 M14	2	Q235	GB/T 6170—2000

机用虎钳		比例		(图号)	
		件数			
制图		重量		共 张	第 张
描图					
审核					

9-10 由装配图拆绘零件图(铣床尾架)

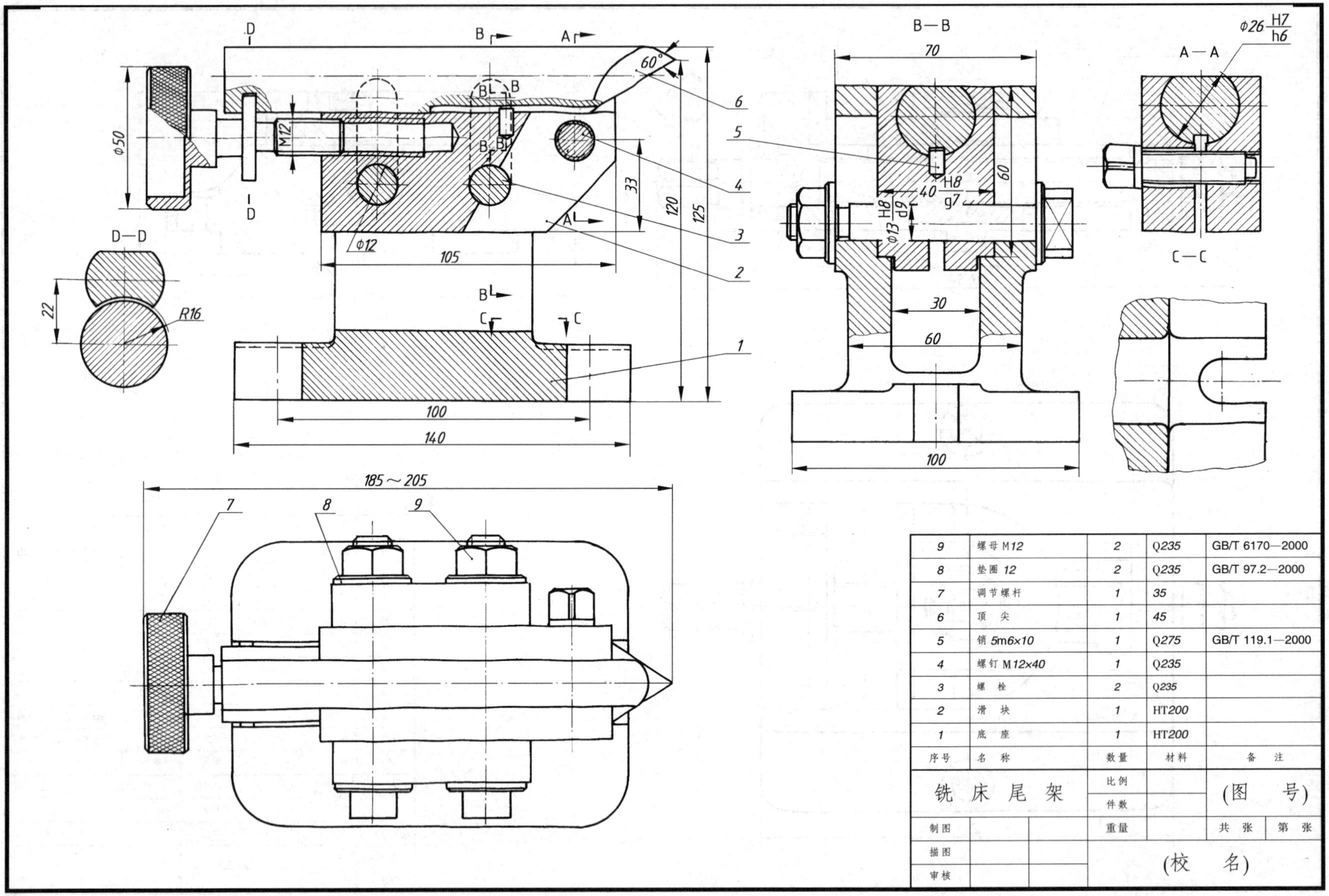

序号	名称	数量	材料	备注
9	螺母 M12	2	Q235	GB/T 6170—2000
8	垫圈 12	2	Q235	GB/T 97.2—2000
7	调节螺杆	1	35	
6	顶　尖	1	45	
5	销 5m6×10	1	Q275	GB/T 119.1—2000
4	螺钉 M12×40	1	Q235	
3	螺　栓	2	Q235	
2	滑　块	1	HT200	
1	底　座	1	HT200	

铣 床 尾 架	比例		(图　号)
	件数		
制图	重量		共　张　第　张
描图		(校　名)	
审核			

9-11 读装配图(柱塞泵)

班级 ______ 姓名 ______

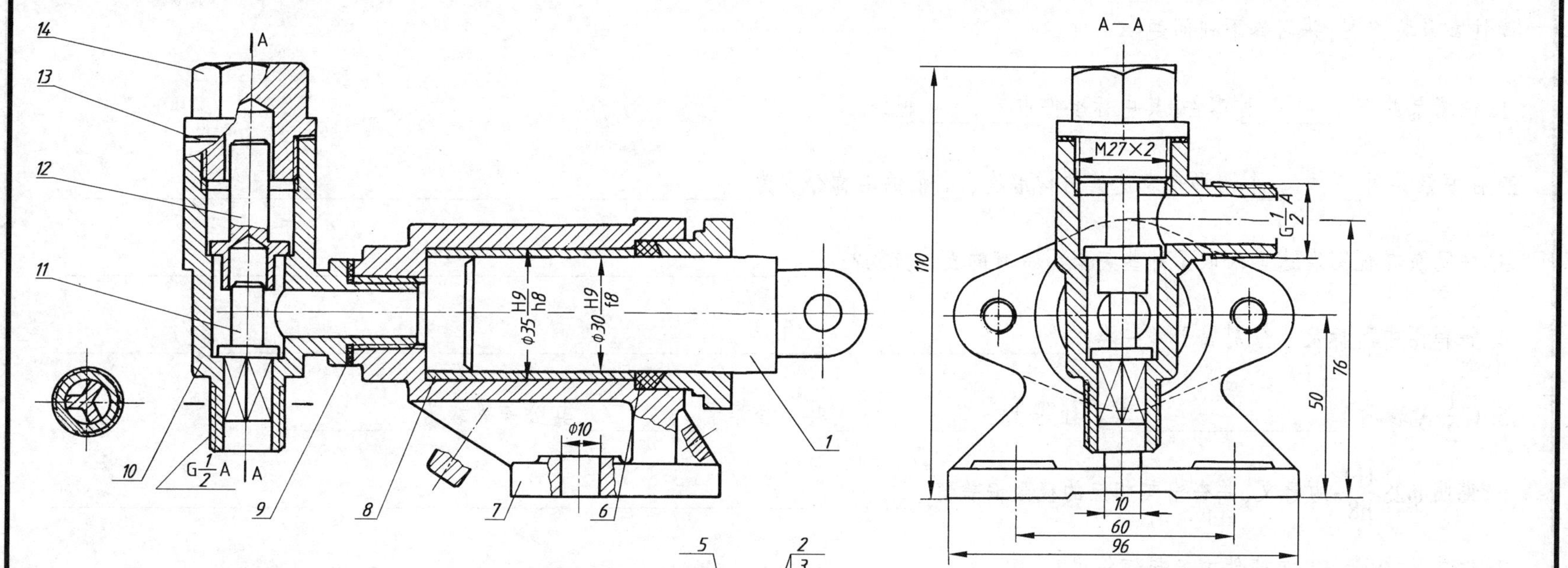

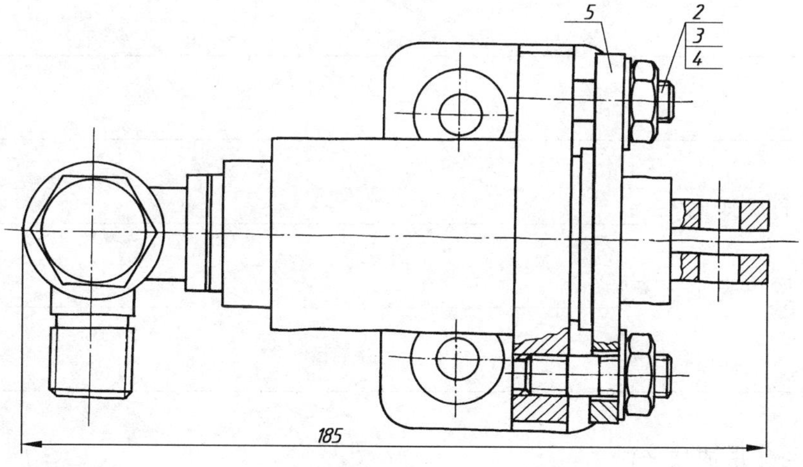

14	螺　塞	1	Q275	
13	垫　片	1	耐油橡皮	
12	上阀瓣	1	Q275	
11	下阀瓣	1	Q275	
10	管接头	1	Q275	
9	垫　片	1	耐油橡皮	
8	衬　套	1	Q275	
7	泵　体	1	HT150	
6	填　料	1	毛　毡	
5	填料压盖	1	Q275	
4	垫圈 10	2	Q235	GB/T 97.1—2000
3	螺母 M10	2	Q235	GB/T 6170—2000
2	螺柱 M10×38	2	Q235	GB/T 898—1988
1	柱　塞	1	Q235	
序号	名　称	数量	材　料	备　注

柱　塞　泵		比例		(图　号)	
		件数			
制图		重量		共 张	第 张
描图		(校　名)			
审核					

9-12 读装配图(柱塞泵续)

读柱塞泵装配图,并回答下列问题:

1. 柱塞泵共有________种零件,其中标准件占________种。

2. 柱塞泵共用________个图形来表达其结构形状。它们的名称分别为________________________________。

3. 柱塞泵在视图表达上采取了哪些装配图特有的表达方法?________________________________

4. 解释图中所标尺寸分别属于哪一类?________________________________

5. $G\frac{1}{2}A$ 表示________________其大径等于____________,其小径等于__________,其公差等级为__________。

6. 说明 $\phi28\frac{H9}{h8}$ 的意义,并查出其相应的极限偏差值。________________________________

7. 件 7、件 9、件 11 在部件中各起何作用?________________________________

8. 为什么在泵体内要安装件 8(衬套)?________________________________

9. 件 14、件 10 两零件下端的螺纹是否完全一样,为何要制成如此?________________________________

10. 件 5(填料压盖)与件 7(泵体)是如何相连的? 在哪一视图中表现出来?________________________________

11. 油箱内的油是如何进入泵体内的?________________________________

12. 说明柱塞泵的作用原理(包括进出油情况及零件间相互作用的顺序)________________________________

9-13 读装配图(分配阀)

班级________ 姓名________

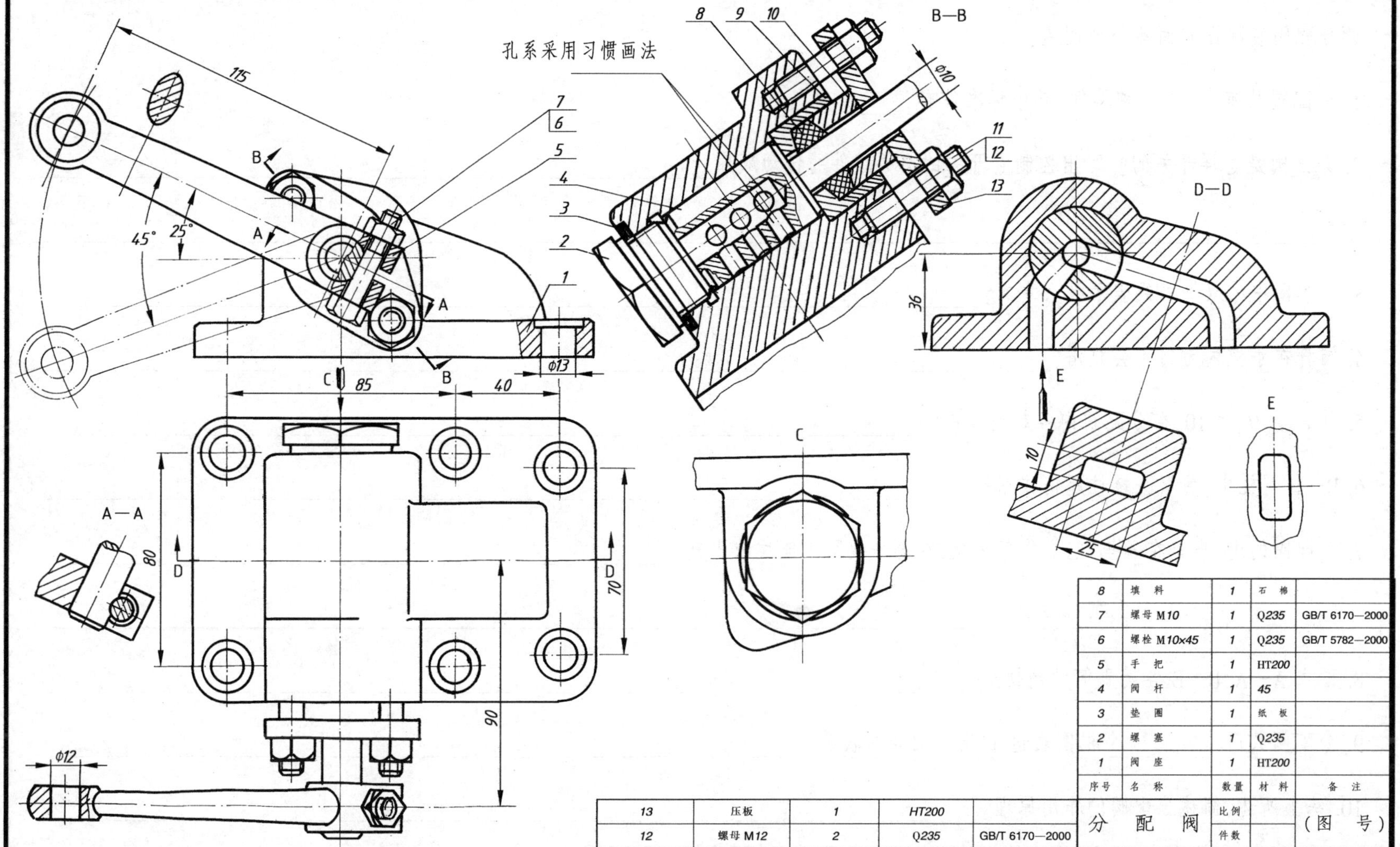

8	填　料	1	石　棉	
7	螺母 M10	1	Q235	GB/T 6170—2000
6	螺栓 M10×45	1	Q235	GB/T 5782—2000
5	手　把	1	HT200	
4	阀　杆	1	45	
3	垫　圈	1	纸　板	
2	螺　塞	1	Q235	
1	阀　座	1	HT200	
序号	名　称	数量	材　料	备　注

13	压板	1	HT200	
12	螺母 M12	2	Q235	GB/T 6170—2000
11	螺柱 M12×32	2	Q235	GB/T 898—1988
10	填料压盖	1	HT200	
9	填料函	1	Q235	

分　配　阀		比例		(图　号)	
		件数			
制图		重量		共　张	第　张
描图		(校　名)			
审核					

9-14 读装配图(分配阀续)

读分配阀装配图并回答下列问题:

1. 分配阀共有________种零件,其中标准件有________种。

2. 分配阀是怎样开关的?写出控制它开关的有关零件的传动顺序____

____

3. 主视图中的双点画线表示什么意义?____

4. 阀杆在手把内为何不会打滑?____

5. 件8、件9、件10,在分配阀内各起何作用?____

6. B—B剖视中,两双头螺柱起何作用?____

7. 分配阀的进、出口在哪里?它们作何形状?在哪一视图中能反映出来?____

____

8. 图中A—A,B—B各属于何种剖视?____

9. 分配阀共用________个视图表达,找出它们间的联系。____

10. 综上所述,简述分配阀的作用原理。____

11. 指出分配阀中的特性尺寸与安装尺寸____

9-15 读装配图(自动闭锁式旋塞)

班级________ 姓名________

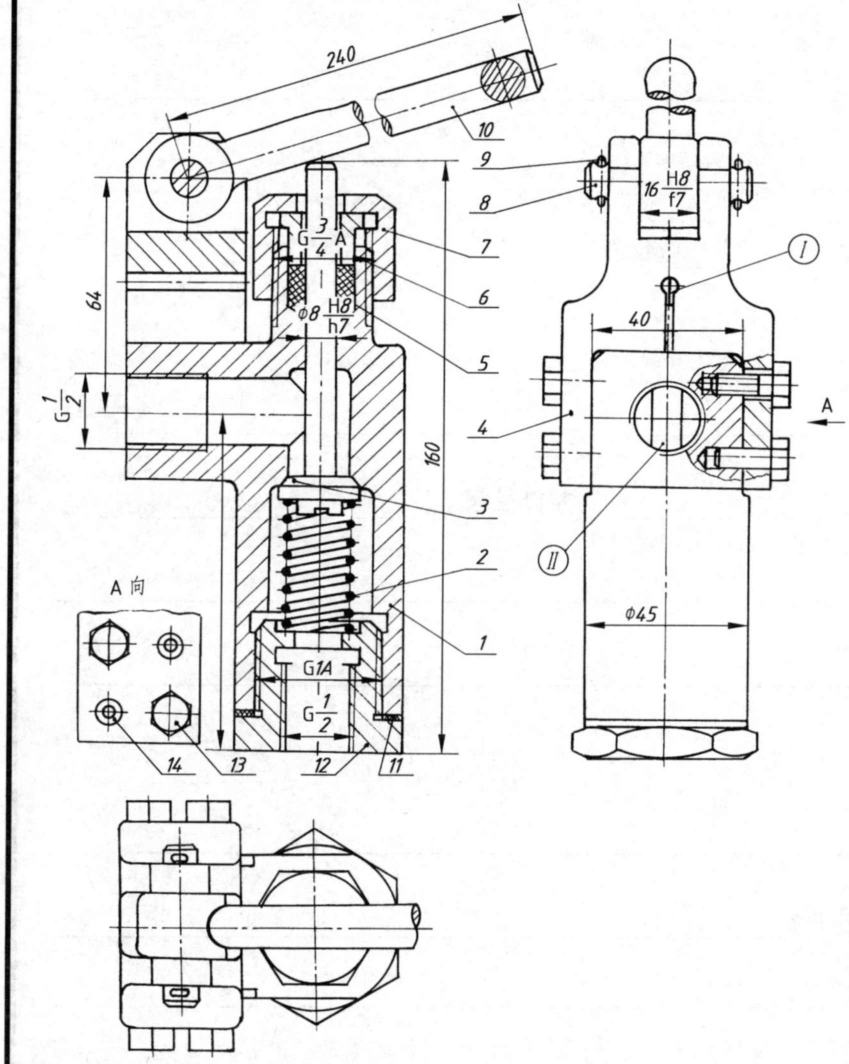

序号	名称	数量	材料	备注
14	销 6m6×22	4	35	GB/T119.1—2000
13	螺钉 M6×6	4	30	
12	螺塞	1	30	
11	衬片	1	皮革	
10	杠杆	1	35	
9	销 3m6×16	2	Q235	GB/T119.1—2000
8	轴	1	Q275	
7	压盖螺母	1	30	
6	填料压盖	1	30	
5	填料	1	橡胶	
4	托架	1	35	
3	阀杆	1	45	
2	弹簧	1	65Mn	GB/T4459.4—2003
1	阀座	1	HT150	

自动闭锁式旋塞		比例		(图号)	
		件数			
制图		重量		共 张	第 张
描图		(校名)			
审核					

班级 ________ 姓名 ________

9-16 读装配图(自动阀锁式旋塞续)

读懂自动闭锁式旋塞装配图,并回答下列问题:

1. 本装配图共用________个视图表达,它们的名称分别是____

其中主视图采用了________剖视以及________断面。

2. 图中圈有Ⅰ处的零件是件__________的投影,圈有Ⅱ处的零件是件__________的投影。

3. 件4与件1通过________相连,件10与件4通过________相连。

4. 图中的防漏装置是通过哪些零件体现的?____

5. $G\frac{3}{4}A$ 表示____________________,其外径等于____________________,其内径等于____________________。

6. 主视图中间部分的交线是如何产生的?其凹向应怎样?____

7. 件4在旋塞中起何作用?____

8. 图中 $16\frac{H8}{f7}$ 是________制________配合,查出其极限偏差值。

9. 分析图中所注尺寸属于哪一类?____

10. 指出自动闭锁式旋塞的进、出口各在哪里,为什么能起自动闭锁作用?____

____

9-17 读装配图(车床尾架)

班级 ______ 姓名 ______

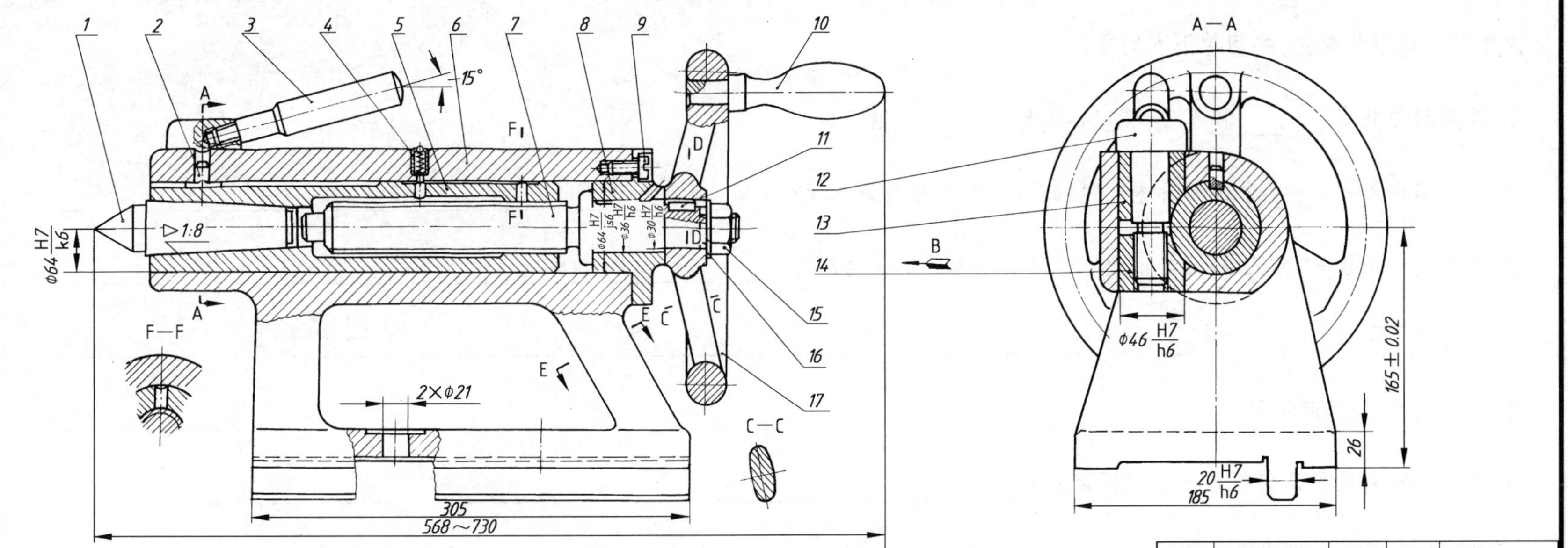

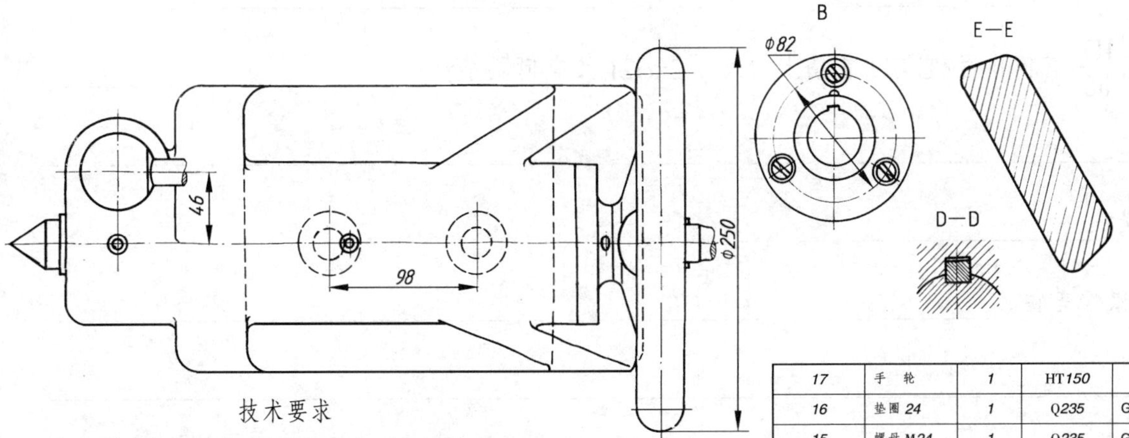

技术要求

1. 除零件工作表面外，所有外露表面均涂以灰漆。
2. 机件装配后各润滑处须注润滑油。

序号	名称	数量	材料	备注
17	手轮	1	HT150	
16	垫圈 24	1	Q235	GB/T 97.1—2000
15	螺母 M24	1	Q235	GB/T 6170—2000
14	紧固螺母	1	45	
13	衬套	1	A3	
12	螺杆 M24	1	15	
11	键 8×7×20	1	45	GB/T 1096—2003
10	手轮把手	1	Q235	与手轮铆接
9	螺钉 M10×20	3	Q235	GB/T 65—2000
8	法兰盘	1	HT150	
7	螺杆 Tr36×3左	1	Q275	
6	尾架体	1	HT300	
5	顶针套	1	45	
4	3号注油咀	1		外购件
3	把手	1	15	
2	带头键	1	45	
1	顶尖	1	40CrNi	

车床尾架		比例		(图 号)	
		件数			
制图		重量		共 张	第 张
描图		(校 名)			
审核					

9-18 读装配图(车床尾架续)

读懂车床尾架装配图,并回答下列问题:

1. 尾架部件共有________种零件,其中标准件有________种。

2. 尾架部件用________个视图表达,它们的名称和相互关系怎样?________

3. 怎样使件 1(顶针)向左移动?写出使它移动的各零件的传动顺序。________

4. 如何拆下顶针?________

5. 件 2(钩头键)起何作用?________

6. 顶针的轴向位置调整好后是如何固定的?________

7. 件 4(3 号压注油杯)起何作用?________

8. A—A 剖视中尾架体底部凸出的一块 $20\frac{H7}{h6}$ 有何作用?它与主视图上的尺寸 $2\times\phi21$ 又有何联系?________

____

9. 主视图上的尺寸 568~730 表示什么意义?________

10. 解释图中 $\phi64\frac{H7}{h6}$ 的意义,并查出其极限偏差值。________

11. 尾架装配图上有哪些技术要求?________